この一冊で全部わかる

Web技術の基本 [第2版]

NRIネットコム株式会社
小林恭平　坂本陽 著
佐々木拓郎 監修

JN112065

わかりやすさにこだわった
イラスト図解式

SB Creative

本書に関するお問い合わせ

この度は小社書籍をご購入いただき誠にありがとうございます。小社では本書の内容に関するご質問を受け付けております。本書を読み進めていただきます中でご不明な箇所がございましたらお問い合わせください。なお、ご質問の前に小社 Web サイトで「正誤表」をご確認ください。最新の正誤情報を下記の Web ページに掲載しております。

本書サポートページ　https://isbn2.sbcr.jp/25948/

上記ページのサポート情報にある「正誤情報」のリンクをクリックしてください。なお、正誤情報がない場合、リンクは用意されていません。

ご質問送付先

ご質問については下記のいずれかの方法をご利用ください。

Web ページより

上記のサポートページ内にある「お問い合わせ」をクリックしていただき、ページ内の「書籍の内容について」をクリックすると、メールフォームが開きます。要綱に従ってご質問をご記入の上、送信してください。

郵送

郵送の場合は下記までお願いいたします。

〒 105-0001
東京都港区虎ノ門 2-2-1
SB クリエイティブ　読者サポート係

はじめに

　本書のテーマは、Web です。一口に Web といっても、実はいろいろな意味を持ちます。多くの人たちが Web と聞いて頭に浮かぶのは、スマホを通じて利用するブログやニュースサイトかもしれません。確かに HTML とCSS、JavaScript などの言語で記述されたページは、Web における基本的なサービスです。一方で、スマホや IoT などインターネットを介して接続するサービスが増えるにしたがい、Web が担う役割も拡大しつづけています。皆さんが日常的に利用しているスマホアプリも Web の延長上の技術ですし、昨今話題の生成 AI も元をたどれば、Web を介して収集されたデータを使い学習した結果です。

　このように「Web」が扱う範囲が拡大するにつれ、全体を理解するのは困難になりつつあります。ましてや、これから IT 業界に参入する「新米エンジニア」や「非 IT エンジニア」には、どこから学べばよいのか途方に暮れてしまうことでしょう。そこで本書は、そのような方々をターゲットに、「Web」について基本的な概念を解説しています。Web とは何かという歴史な経緯に始まり、Web と密接な関係があるインターネット／ネットワークとの関係性や、HTTP のやりとりやデータ形式、Web アプリケーション／システムの基本的な構成、セキュリティの考え方など、Web にまつわるさまざまな要素を体系的に取り上げています。

　なお、本書では見開き 1 ページで、1 つのテーマを扱っています。その1 つのテーマを、文章と図の両方を使って解説しています。概念的な部分は文章だけではなく、図をあわせて見ていただくとイメージがつかみやすいでしょう。

　本書が扱う範囲は、あくまで入門的な部分にとどまります。しかし、体系的な知識を最初に学ぶことは、今後さまざまな事を身に付けるうえで大きな力となると信じています。ぜひ本書を、広大な Web の世界を歩くための道しるべとしてください。

CONTENTS

Chapter 1 Web技術とは

CONTENTS

Chapter 4 Webのさまざまなデータ形式

CONTENTS

Chapter 5 Webアプリケーションの基本

Chapter **6** # Webのセキュリティと認証

CONTENTS

Chapter 7 Webシステムの構築と運用

Web技術とは

日常のあらゆるところで使われている Web 技術。そもそも Web 技術とはいったい何なのか、どのように利用されていて何ができるのか。そういった Web 技術の基本をお話しします。

01 Webとは

インターネットが普及した今では、最新のニュースや自分の調べたいことなどの文書を簡単に探して見ることができます。また、SNS（ソーシャル・ネットワーキング・サービス）によって自分の文書や画像・動画を世界中の人に簡単に公開することもできるようになりました。

こういった文書の公開・閲覧のためのシステムを Web と呼びます。

World Wide Web

Web の正式名称は World Wide Web（世界に広がるクモの巣）といいます。それぞれの単語の頭文字をとって WWW とも呼ばれるので、こちらを聞いたことがある人もいるかもしれません。

Web 上の文書（Web ページ）は**ハイパーテキスト**と呼ばれる言語で構成されています。ハイパーテキストは 1 つの Web ページの中に別の Web ページへの参照（**ハイパーリンク**）を埋め込むことができ、1 つの Web ページを複数の Web ページと関連付けることで、全体で大きな情報の集合体とすることができます。

私たちが Web へアクセスするときは一般的に Web ブラウザを利用します。Web ブラウザに表示される Web ページ内のハイパーリンクをクリックすることで、次々と別の Web ページに移動していくことができます。

世界中の情報をクモの巣状に関連付ける

Web の大きな特徴は Web ページ同士がハイパーリンクで別の Web ページへとつながっていることです。ある 1 つの Web ページに埋め込まれたハイパーリンクは別の Web ページに次々とつながっていき、最終的に世界中のあらゆる Web ページとのつながりを持つことになります。

そして、Web ページをたどることで私たちは世界中のさまざまな情報を得ることができるようになりました。

このクモの巣状のネットワークは新しい Web ページが生まれることで、日々大きさを増しています。

プラス 1 ハイパーリンクは単に「リンク」とも呼ばれます。

● ハイパーテキストはハイパーリンクでつながっている

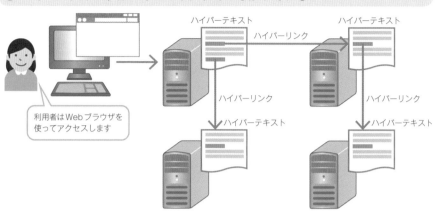

利用者は Web ブラウザを
使ってアクセスします

● ハイパーリンクのつながりがクモの巣のように広がっている

このシステムは、「世界に広がるクモの巣」という意味でWorld Wide Web（WWW）と名付けられました。略して「Web」とも呼ばれます。

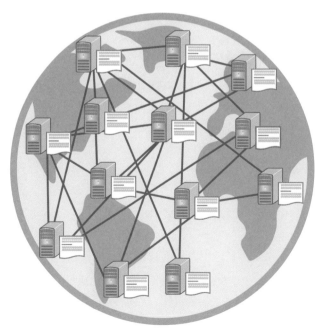

02 インターネットとWeb

インターネットといえば多くの人が Web ページを想像するように、今となっては切っても切れない関係にあるインターネットと Web ですが、もともとは別々の目的のために開発されたものでした。

■ CERN で開発

Web は CERN（欧州原子核研究機構）のティム・バーナーズ＝リーにより開発されました。

もともとは各国の実験者がすぐに情報にアクセスできるようにするため、Web の原型となる ENQUIRE というシステムが開発され、それが改良されて World Wide Web が誕生しました。

ティム・バーナーズ＝リーはその後、自身で Web ブラウザと Web サーバーを開発し、インターネット上で公開を始めました。

■ インターネットの普及に貢献

一方、インターネットは ARPA（アメリカ国防総省の高等研究計画局）によって開発されたコンピューターネットワークである ARPANET が原型となっています。ARPANET は徐々に拡大し、通信方式（プロトコル）の見直しを経て世界中に広まり、インターネットと呼ばれるようになります。

ただ、当初は接続回線が高価であり、インターネットは企業や研究機関のみで利用されるにとどまっていました。

技術の発展とともに徐々に接続回線が安価となり、インターネットが一般ユーザーに広まり始めたころ、Web がインターネットで使えるシステムとして発表されました。

当初の Web は文字のみしか扱えませんでしたが、画像が扱えるように改良され、Web ブラウザが普及し始めると、Web はインターネットとともに世界中にまたたく間に広まっていきました。

プラス1 　インターネットと Web はセットで使われることにより爆発的に広まりました。そのため、インターネットと Web は混同されることも多いです。

イメージでつかもう!

● インターネットとWebはそれぞれ別の目的で開発された

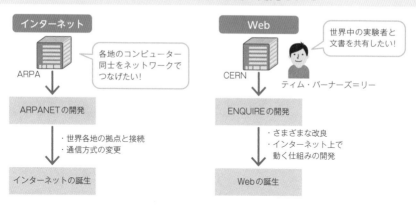

● インターネットとWebは融合し、世界中に広まった

インターネットとWebは別々に誕生したものですが、並行してより多くの人が利用しやすいように改良された結果、相乗効果で爆発的に普及しました。

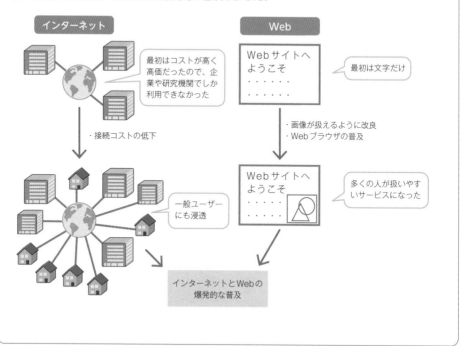

03 さまざまなWebの用途

　Web といえば Web ページが真っ先に頭に浮かぶ人が多いと思いますが、Web 技術の発展により、Web は文書の表示以外にもユーザーからのデータを受け取ったり、さらに受け取ったデータに対して何らかのアクションを行ったりとさまざまな機能が追加され、幅広い用途で使われています。

文書の閲覧

　1 つのドメイン（2-05 節）にある複数の Web ページの集まりを **Web サイト**と呼びます。Web ページ同士はハイパーリンクによって相互につながり、ユーザーは Web ブラウザでそれをたどることによって Web ページ間にまたがる文書を読むことができます。

ユーザーインターフェース

　コンピューターの機能とユーザーのやりとりの橋渡しをする機能を**ユーザーインターフェース**と呼びます。

　例えば Web メールはハイパーテキストを用いてメールの一覧画面や編集画面などを表示することで、ユーザーがメールサーバーの中のメールを表示したり操作したりするための橋渡しを行います。具体的には、ハイパーテキストで作られたメールの操作画面に対してユーザーが行った操作を、Web サーバーがユーザーの代わりにメールサーバーに伝え、メールの操作を行います。

プログラム用 API

　ユーザーインターフェースに対し、ソフトウェア同士のやりとりの橋渡しをする機能を **API（アプリケーションプログラミングインターフェース）** と呼びます。

　スマートフォンのアプリのデータ送信・受信の処理によく使われ、例えば天気予報アプリだと、アプリが送信した地域情報をプログラム用 API の役割を持つ Web サーバーが受け取り、Web サーバーは受け取った地域情報に対応する天気予報のデータをアプリに返すというような使い方がされています。

> プラス 1　Web はもともと文書公開のための技術でしたが、新たな利用方法が提唱されるのに合わせて、今も新しい機能が次々に追加されています。

イメージでつかもう！

● Webの柔軟性と表現力がさまざまな用途を生み出している

テキストや画像などを組み合わせたデータを通信できる柔軟性

ハイパーテキスト

テキストや画像、ハイパーリンクを組み合わせてさまざまな画面を作成できる表現力

● Webアプリのユーザーインターフェースを提供

ハイパーテキストの表現力を利用すれば、アプリケーションの画面を作り出すこともできます。メールやビデオ通話などのWeb以外のサービスでも、ユーザーインターフェース部分にWebを利用するものが登場しています。

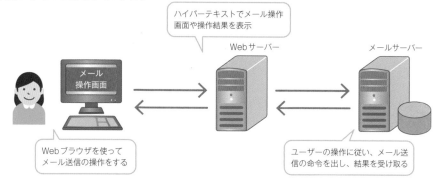

ハイパーテキストでメール操作画面や操作結果を表示

Webサーバー

メールサーバー

Webブラウザを使ってメール送信の操作をする

ユーザーの操作に従い、メール送信の命令を出し、結果を受け取る

● プログラム用APIの提供

Webのデータ通信の仕組みを利用して、スマートフォンなどのアプリ向けのデータを送信するプログラム用APIが提供されています。

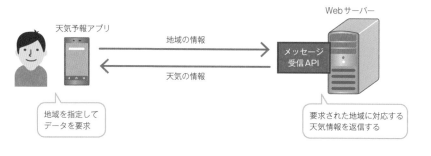

天気予報アプリ

地域の情報

天気の情報

Webサーバー

メッセージ受信API

地域を指定してデータを要求

要求された地域に対応する天気情報を返信する

関連用語 API ▶ P.134　HTML ▶ P.18　HTTP ▶ P.50　Web クライアント ▶ P.116

04　HTMLとWebブラウザ

■ 記述言語 HTML

ハイパーテキストを記述するための言語が HTML(HyperText Markup Language) です。

HTML では文章の表示方法やハイパーリンクを、**タグ**と呼ばれるマークによって表現します。このような言語は一般にマークアップ言語と呼ばれます。

HTML では「< タグの種類 > タグの意味付けの対象となる文章 </ タグの種類 >」という形で記述することで、文章に意味を付け加えます。具体的には、その文章がタイトルであることを示したり、ハイパーリンクであることを示したり、表組みであることを示したりします。例えば、「<title>Web 技術のすべて </title>」という記述は、「この文書のタイトルは『Web 技術のすべて』である」という意味になります。

HTML で記述された文書やそれに付随する画像などをまとめてコンテンツと呼びます。

■ 表示プログラム Web ブラウザ

ハイパーテキストは文章にタグで意味付けをしたものであり、人間がそのまま読むには適していません。そこでハイパーテキストを解釈して、人間が読みやすいように作り変えて表示してくれるのが **Web ブラウザ**と呼ばれるプログラムです。

一般的に使われている Web ブラウザには Microsoft Edge や Firefox、Chrome、Safari などがあります。

Web ブラウザの種類によって表示の方法に多少の違いはありますが、HTML のルールは世界共通なので、基本的にどの種類の Web ブラウザでも同じようにコンテンツを見ることができます。

プラス 1　Microsoft Edge はマイクロソフト、Firefox は非営利団体の Mozilla Foundation、Chrome はグーグル、Safari はアップルがそれぞれ開発・公開しています。

● ハイパーテキストはHTMLで記述する

HTMLファイルはテキスト中にHTMLのタグを埋め込んだ構造になっています。

```
<!DOCTYPE html>
<html>
 <head> <title>○○のWebページ</title>
 </head>
 <body> <h1>○○のWebページにようこそ</h1>
 はじめまして。<u>○○ </u>です。<br>
 <img src="image.jpg">
 これは、<a href="https://example.com/link.html">リンク</a>です。<br>
 </body>
</html>
```

基本的に開始タグと終了タグで文章を挟む

開始タグのみの要素もある

タグには要素の始まりを表す「開始タグ」と、終わりを表す「終了タグ」があり、テキストを挟むように記述する

主なタグ

要素名	意味
html	HTML文書であることを示す
title	タイトルであることを示す
h1	大見出しであることを示す
br	改行を示す
a	ハイパーリンクであることを示す
img	画像ファイルであることを示す

● WebブラウザはHTMLをWebページとして表示する

○○のWebページ

○○の**Web**ページにようこそ

はじめまして。 ○○ です。

これは、リンクです。

HTML を解釈して、タグの意味に応じて見やすく表示する

画像も自動的に読み込んでページ内に表示する

リンクをクリックすることでリンク先のWebページを読み込んで表示する

関連
用語　HTML ▶ P.84　Web ブラウザ ▶ P.116　XML ▶ P.88

05 WebサーバーとHTTP

配信プログラム Web サーバー

Web サーバーは Web ブラウザからコンテンツの要求があると、必要なコンテンツをネットワークを通して Web ブラウザに送信する役割を持ちます。コンテンツは Web サーバーによって配信されることで Web ページと呼ばれるようになります。

また、自分が要求されたコンテンツを持っていないときは「持っていない」というメッセージを返したり、別の Web サーバーに要求するよう案内することも役割の1つです。

一般的には Apache HTTP Server や nginx、IIS (Internet Information Services) といったプログラムがよく利用されています。

やりとりの手順 HTTP

Web ページが表示される際は、Web ブラウザから Web サーバーにコンテンツを要求し、Web サーバーが要求されたコンテンツを Web ブラウザに送信するというやりとりが行われます。

コンテンツ（ハイパーテキスト）を送信するためのやりとりの手順と、やりとりするメッセージの書式は、世界共通の仕様として決められています。

この世界共通のハイパーテキストのやりとりの手順を **HTTP** (HyperText Transfer Protocol) といい、ハイパーテキストの要求手順、ハイパーテキストの送信手順のほかにも、要求されたコンテンツを持っていなかった場合の応答方法や Web サイトが移転したことを Web ブラウザに伝える方法など、ハイパーテキストのやりとりをするうえで必要となるさまざまな手順が定義されています。

やりとりの手順が世界標準で決められていることで、どの種類の Web ブラウザであっても、あらゆる種類の Web サーバーとの間で同じ手順でハイパーテキストをやりとりできます。

プラス 1　サーバープログラムの開発元は、Apache HTTP Server は Apache Software Foundation、nginx は NGINX Inc.、IIS はマイクロソフトで、どれも無料で公開されています。

イメージでつかもう！

● コンテンツはWebサーバーから配信される

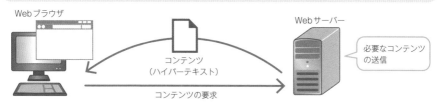

● WebブラウザとWebサーバーのやりとりはHTTPに従って行われる

要求を送ってからコンテンツを受け取るまでの一連のやりとりは、「HTTP」というプロトコルとして、メッセージの送り方や書式まで細かく決められています。

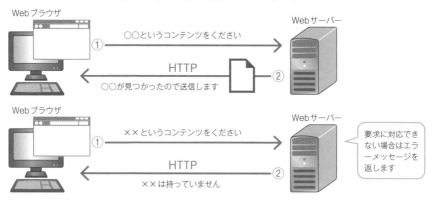

● 環境が違ってもプロトコルは世界共通

WebブラウザやWebサーバーにはさまざまな種類がありますが、どれを使っていてもHTTPという共通のルールでやりとりできます。

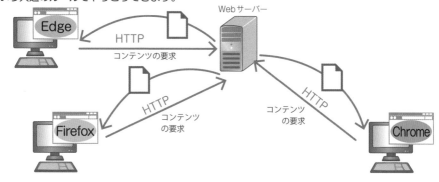

関連用語　HTTPメソッド ▶ P.54　HTTPメッセージ ▶ P.50　ステータスコード ▶ P.56

06 Webページが表示される流れ

URL を使って Web サーバーにアクセス

Web ページを取得するとき、最初に「https://www.sbcr.jp/index.html」のような URL(Uniform Resouce Locator)で、取得したい Web ページを Web ブラウザに指定します。

この URL には「どのやりとりの手順で」「どの Web サーバーに」「何のコンテンツを」取りに行くかという情報が含まれており、Web ブラウザはこの情報をもとに要求を送ります。

Web ブラウザは指定された URL をもとに、指定されたやりとりの手順で Web サーバーからコンテンツ（ハイパーテキスト）を転送してもらいます。Web で使われるやりとりの手順には HTTP と、HTTP のセキュリティを高めた手順である HTTPS があります。

Web ブラウザで解釈

転送されたコンテンツは Web ブラウザが HTML の内容を解釈し、タグによって与えられた意味を参考に、人間の見やすい形に整形して表示します。

例えば、タイトルの文章は画面のタイトル表示部分に、見出しの文章はほかの文章より大きめのサイズで表示します。

さらにほかの画像などを転送

一度のコンテンツの転送で送られるファイルは 1 つです。HTML の解釈の結果、画像などほかのファイルが必要となった場合は、再度 Web サーバーにそのファイルの転送を要求し、転送してもらったファイルを HTML の表示画面にはめ込みます。画像ファイルの転送にも HTTP や HTTPS が使われます。

これを繰り返して、すべての必要なファイルを揃えることができれば Web ページの表示が完了します。

● Webサーバーに要求するコンテンツはURLで指定する

https://www.sbcr.jp/index.html

「index.html」という名前のコンテンツを要求する

「www.sbcr.jp」という名前のWebサーバーにアクセスする

HTTPSを使ってアクセスする

● 転送されてきたHTMLを解釈してWebページを表示する

一度の転送で送られるファイルは原則1つです。HTMLに画像などほかのファイルの指定が含まれている場合は、またWebサーバーに要求を送って画像データを取得します。

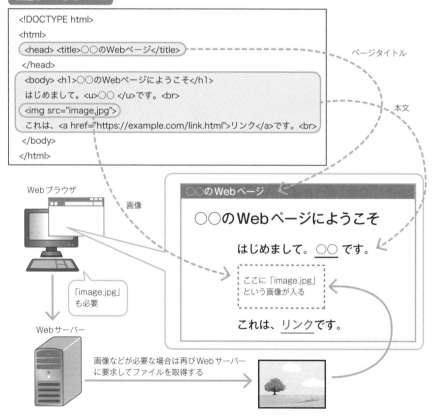

転送されてきたHTML

```
<!DOCTYPE html>
<html>
  <head> <title>○○のWebページ</title>
  </head>
  <body> <h1>○○のWebページにようこそ</h1>
  はじめまして。<u>○○ </u>です。<br>
  <img src="image.jpg">
  これは、<a href="https://example.com/link.html">リンク</a>です。<br>
  </body>
</html>
```

ページタイトル

本文

Webブラウザ

画像

「image.jpg」
も必要

Webサーバー

画像などが必要な場合は再びWebサーバー
に要求してファイルを取得する

○○のWebページ

○○のWebページにようこそ

はじめまして。○○ です。

ここに「image.jpg」
という画像が入る

これは、リンクです。

関連
用語 DNS ▶ P.44　HTML ▶ P.84　URI ▶ P.80　画像形式 ▶ P.86　ドメイン名 ▶ P.42

07 静的ページと動的ページ

静的ページ

何度アクセスしても毎回同じものが表示される Web ページを**静的ページ**と呼びます。

例えば、企業や団体の紹介サイトなど、情報を提供するサイトはいつも同じ情報（あらかじめ準備されたコンテンツ）を表示する必要があるため、一般的に静的ページで構成されます。HTML のみで記述された Web ページは静的ページです。

もともと Web は研究資料を閲覧するために開発されたものであり、静的ページを表示する機能だけで十分でした。

しかし Web が普及すると、利用範囲は研究資料の閲覧以外にも拡大して、より豊かな表現が求められるようになり、閲覧するユーザーの状態や要求に応じて表示する内容を変化させる動的ページの技術が生まれました。

動的ページ

静的ページに対し、アクセスしたときの状況に応じて異なる内容が表示される Web ページを**動的ページ**と呼びます。

例えば Google や Yahoo! のような検索サイトの結果表示が動的ページに当たります。検索サイトではユーザーから Web ブラウザを通して送られてくるデータ（検索文字列）を受け取り、それをもとに Web サーバーが検索処理を実施します。その後、検索結果を表示するための HTML ファイルを Web サーバーが作成し、Web ブラウザに送信します。こうすることで、ユーザーの入力した検索文字列に対し、毎回最新の検索結果の情報を返信できます。

動的ページの例としてはこのほかにも、訪れるユーザーが書き込むたびに内容が増えていく掲示板サイトやログインするユーザーごとに異なる情報を表示する会員サイトなどがあり、今では当たり前のものとなっています。

イメージでつかもう！

● 「静的ページ」は同じコンテンツが送られる

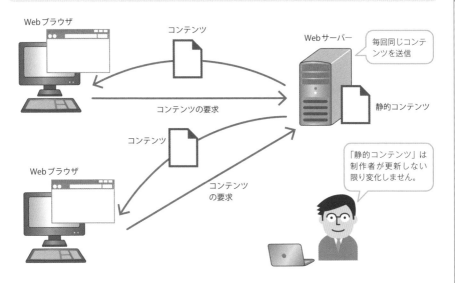

● 「動的ページ」は要求によってコンテンツが変わる

状況に応じてコンテンツが変化するページを「動的ページ」といいます。Googleなどの検索サイトや、InstagramやFacebookなどのSNS、ブログ、掲示板などは動的ページです。

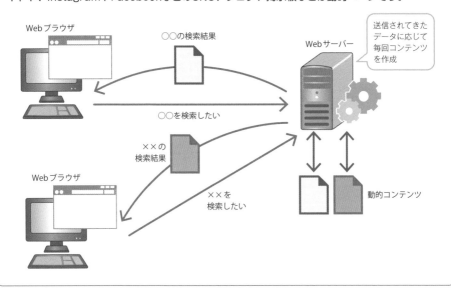

関連用語　CGI ▶ P.124　Webアプリケーション ▶ P.108　スクリプト言語 ▶ P.92

08　動的ページの仕組み

動的ページの作成処理

　動的ページは、あらかじめ用意されたプログラムが Web ブラウザの要求内容をもとに HTML を書き出すことで作成されます。プログラムは Web サーバー側で動作するものと Web ブラウザ側で動作するものの 2 種類があります。

サーバーサイド・スクリプトとクライアントサイド・スクリプト

　サーバー側で動作するプログラムは**サーバーサイド・スクリプト**と呼ばれます。

　プログラミング言語は必要とされる動的ページの機能に合ったものが選定されます。具体的には、Java、Perl、Ruby、Python、PHP、JavaScript などが挙げられます。

　サーバーサイド・スクリプトに対し、HTML に埋め込まれ、Web ブラウザによって読み込まれる際に実行されるものが**クライアントサイド・スクリプト**です。Web ブラウザの設定によっては埋め込まれたプログラムが動かないこともあるため、使用する際には注意が必要です。クライアントサイド・スクリプトには、主に JavaScript が用いられます。

CGI（Common Gateway Interface）

　Web サーバーが Web ブラウザからの要求に応じてプログラムを起動させるための仕組みを **CGI（Common Gateway Interface）** と呼びます。

　Web ブラウザが CGI が用意された場所を示す URL にアクセスすることを契機に、Web サーバー上でプログラムが起動します。プログラムは Web ブラウザから送信されてきたデータや Web サーバー自身が持っているデータなどから HTML ファイルを作り出し、Web サーバーを通して Web ブラウザに送信されます。

　Web サーバーがリクエストの処理と HTML ファイルの作成を兼任する仕組みとなり、Web サーバーへの負荷が高いため、今では利用されることが少なくなっています。

● Webで使われるスクリプトは大きく2種類に分けられる

サーバー側でスクリプト（プログラム）を実行するタイプと、Webブラウザ側でスクリプトを実行するタイプがあります。

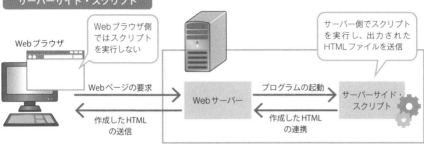

サーバーサイド・スクリプト

Webブラウザ

Webブラウザ側ではスクリプトを実行しない

サーバー側でスクリプトを実行し、出力されたHTMLファイルを送信

Webページの要求

Webサーバー

プログラムの起動

サーバーサイド・スクリプト

作成したHTMLの送信

作成したHTMLの連携

クライアントサイド・スクリプト

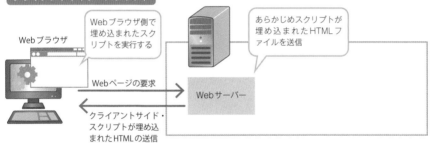

Webブラウザ

Webブラウザ側で埋め込まれたスクリプトを実行する

あらかじめスクリプトが埋め込まれたHTMLファイルを送信

Webページの要求

Webサーバー

クライアントサイド・スクリプトが埋め込まれたHTMLの送信

● CGIがサーバーサイド・スクリプトを実行する流れ

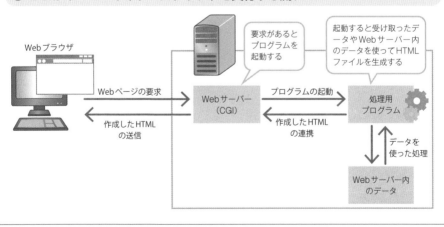

Webブラウザ

要求があるとプログラムを起動する

起動すると受け取ったデータやWebサーバー内のデータを使ってHTMLファイルを生成する

Webページの要求

Webサーバー（CGI）

プログラムの起動

処理用プログラム

作成したHTMLの送信

作成したHTMLの連携

データを使った処理

Webサーバー内のデータ

関連用語　CGI ▶ P.124　アプリケーション設計 ▶ P.188　スクリプト言語 ▶ P.92

09　Webの標準化

標準化とは

　HTML のような Web で用いられる技術は、Web の発展に伴って、機能拡張や新技術の開発が行われてきました。例えば、HTML は当初の文書を表示するだけの機能だったものが、現在では表示する色を変更したり、表組みを作ったり、音や映像を扱ったりする機能が追加されています。また、HTML の表示スタイルを指定する言語である CSS（Cascading Style Sheets）、HTML の親戚に当たるマークアップ言語 XML（Extensible Markup Language）といった Web で使える新しい言語も開発されています。

　もし、このような機能拡張をそれぞれの開発者が独自に行ってしまうと、しっかりとした規格が決まりません。その結果、Web ブラウザの開発者はどの機能までを処理できるようにするのが正しいのか、また Web ページの制作者はどのように記述すれば正しいのかがわからず、「どの Web ブラウザでも同じように Web ページが表示される」状態が実現できなくなります。

　そのため、しっかりとした規格を決める必要があります。この規格を決める作業を**標準化**といいます。

標準化をすすめる団体

　Web の標準化をすすめる団体が、Web の生みの親ティム・バーナーズ＝リーが創設した **W3C（World Wide Web Consortium）** です。

　W3C が標準化したものは「勧告」という形で発表され、従うことは強制ではありません。しかし、「どの Web ブラウザでも同じように Web ページが表示される」状態を実現するため、今やほとんどの Web サイトが W3C 標準に準拠しています。

　W3C は HTML や CSS、XML などの標準化を行っていましたが、現在は HTML など一部からは手を引き、代わりに Web ブラウザの開発者たちによって結成された **WHATWG（Web Hypertext Application Technology Working Group）** が策定し、W3C が勧告するという形をとっています。

プラス1　W3C は非営利団体で、W3C に加入する組織の会費や研究助成金、寄付金などを資金として活動を行っています。

● 標準化されていないとHTMLの規格がいくつも生まれてしまう

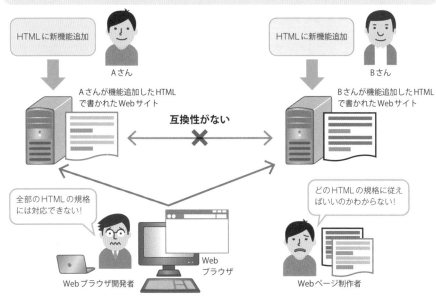

HTMLに新機能追加 — Aさん

HTMLに新機能追加 — Bさん

Aさんが機能追加したHTMLで書かれたWebサイト

Bさんが機能追加したHTMLで書かれたWebサイト

互換性がない ✕

全部のHTMLの規格には対応できない！

どのHTMLの規格に従えばいいのかわからない！

Webブラウザ開発者

Webブラウザ

Webページ制作者

● 標準化されていればみんなの負担が減る

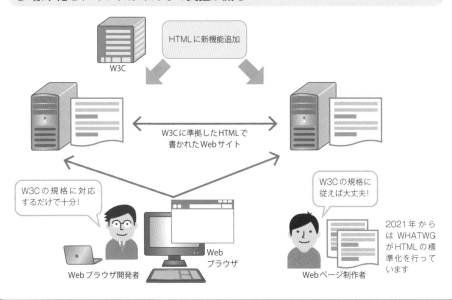

W3C

HTMLに新機能追加

W3Cに準拠したHTMLで書かれたWebサイト

W3Cの規格に対応するだけで十分！

W3Cの規格に従えば大丈夫！

2021年からは WHATWG が HTMLの標準化を行っています

Webブラウザ開発者

Webブラウザ

Webページ制作者

10 Webの設計思想

標準化されたもの以外にも、Web 技術の世界では設計における思想がいくつか存在します。

■ RESTful

REST(REpresentational State Transfer) とは、4 つの原則（右ページの図を参照）からなるシンプルな設計を指します。この REST の原則に従って設計されたシステムを **RESTful なシステム**と呼びます。RESTful なシステムは「前回のやりとり結果」のような情報を保持する必要がないためシンプルな構造になりやすく、やりとりの方法や情報の示し方が統一されていることや 1 つの情報に別の情報をリンクさせられることから、RESTful なシステム同士であれば円滑に情報連携を行えます。

今では多くの Web アプリケーションが RESTful となるように設計されています。

■ セマンティック Web

ティム・バーナーズ＝リーが提唱している構想で、**Web ページの情報に意味（セマンティック）** を付け加えたものです。こうすることでコンピューターが自律的に情報の意味を理解して、処理できるようになることが期待できます。

HTML では意味を付与することができないため、セマンティック Web の世界では Web ページを XML(4-03 節) という言語によって構成します。XML 文書の中に RDF という言語で意味を記述し、言葉の相互関係などは OWL という言語で記述します。このような情報に関する意味を示す情報を**メタデータ**と呼びます。これらの言語についても W3C で標準化が進められています。

セマンティック Web では、情報を検索するときの精度を上げることができたり、Web 中から特定の種類の情報を集めて活用することができるようになります。

ただし、既存の Web ページへのメタデータ付与の作業を考えると、Web 全体への普及はまだまだ先であるといえます。

● WebシステムはRESTfulであることが望ましい

RESTfulとは「RESTの原則」を守って設計されたWebシステムのことです。RESTfulとなることでAPIの相互運用が円滑になります。

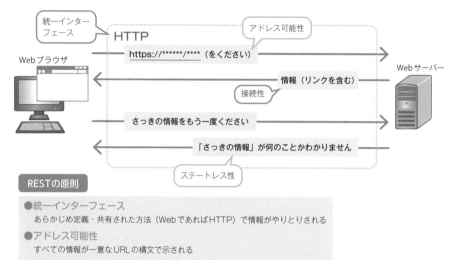

RESTの原則

● 統一インターフェース
　あらかじめ定義・共有された方法（WebであればHTTP）で情報がやりとりされる

● アドレス可能性
　すべての情報が一意なURLの構文で示される

● 接続性
　やりとりされる情報にはリンクを含めることができる

● ステートレス性
　やりとりは1回ごとに完結し、前のやりとりの結果に影響を受けない

● セマンティックWebはテキストに「意味」を含める

Webページ中のテキストが表しているのが「住所」なのか「人名」なのかという情報を持たせ、機械検索などの精度を高めます。

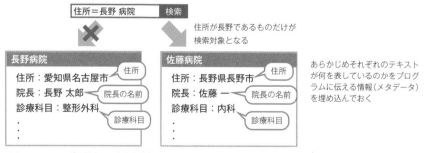

現在のWebでは、「長野」という文字が含まれたWebページがすべて検索対象になってしまう

関連
用語　ステートフル／ステートレス ▶ P.74　マイクロフォーマット ▶ P.100

Web アプリケーション？
Web システム？

　Web 技術にかかわっていると「Web アプリケーション」や「Web システム」など、いろいろな Web ○○という言葉を耳にします。似たような言葉なので混同してしまいがちですが、これらの違いを知っておくことは Web 技術を理解するうえで大切なので、整理して覚えておきましょう。

　「Web ページ」とは Web 上にある文書のことを指します。そして、特定のドメイン（2-05 節）の下にある Web ページの集まりが「Web サイト」です。Web サイトの表紙にあたる Web ページは「トップページ」と呼ばれます。「ホームページ」とは Web ブラウザを起動したときに最初に開かれる Web ページが本来の意味ですが、現在では Web サイトのことを指して使われることも多いです。

　Web を介して人が利用するサービスを提供するのが「Web アプリケーション」で、プログラムが利用するサービスを提供するのは「Web サービス」と呼ばれます。そして、Web サイトや Web アプリケーション、Web サービスを提供するための仕組みが「Web システム」です。

　図に示すと次のようになります。

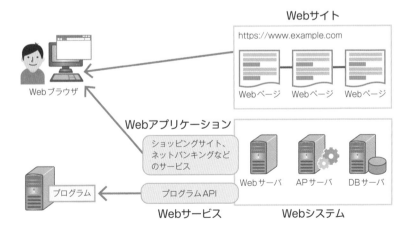

Webと
ネットワーク技術

Web は世界中に存在するコンピュー
ターがお互いに情報をやりとりするこ
とで実現します。この仕組みを支え
ているのがネットワーク技術です。こ
の章では Web を支えるネットワーク
技術についてお話しします。

01 Webを実現する コンピューターネットワーク

　Webの誕生によって私たちは世界中に散らばる情報を簡単に手に入れることができるようになりました。このWebを支えているのが**コンピューターネットワーク**と呼ばれる、コンピューターがお互いに接続して情報のやりとりをする仕組みです。

クライアントとサーバー

　ネットワーク上で情報やサービスを提供する役割を持つコンピューターを「**サーバー**」、サーバーから提供された情報やサービスを利用する役割を持つコンピューターを「**クライアント**」といいます。普段私たちがWebサイトを閲覧する際もクライアントとサーバーが情報をやりとりしており、Webサイトを提供しているのがサーバーで、Webサイトを表示するスマートフォンやパソコンに搭載されているWebブラウザがクライアントに当たります。また、サーバーの役割においてWebサイトを提供するサーバーを「Webサーバー」と呼びます。

インターネットとは

　スマートフォンやパソコンを利用してWebサイトを閲覧する場合、**インターネットサービスプロバイダー**が提供するサービスを利用し、インターネットへ接続する必要があります。インターネットとは、自宅や会社、学校などに構築された小さな範囲のネットワーク（LAN）が1つ1つお互いに接続し、世界中のネットワークがつながった環境のことです。Webサーバーもインターネットに接続されることでWebサイトを世界中へ提供することができます。

インターネットサービスプロバイダー

　インターネットサービスプロバイダーは、単に「プロバイダー」や「ISP」と略されることが多く、各国に複数のプロバイダーが存在します。スマートフォンやパソコンはプロバイダーと接続し、プロバイダーはプロバイダー同士で接続し合うことで世界中が1つのネットワークとして形成され、インターネットとして成り立っています。

プラス1　LAN同士をつないだ広範囲なネットワークをWAN（Wide Area Network、ワン）といいます。WANによって離れた拠点同士での通信ができるようになります。

● ネットワークに接続されたコンピューターの役割分担

ネットワークに接続されたコンピューターには、Webなどのサービスを提供する「サーバー」と、サービスを利用する「クライアント」の2つの役割があります。このように各コンピューターに役割を持たせて分散処理を目的とした仕組みを「クライアント／サーバーシステム」といいます。

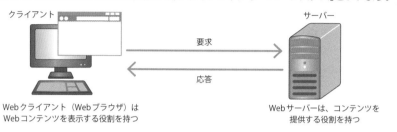

クライアント

サーバー

要求

応答

Webクライアント（Webブラウザ）は
Webコンテンツを表示する役割を持つ

Webサーバーは、コンテンツを
提供する役割を持つ

● インターネットの全体像

インターネット接続を提供するプロバイダーは階層構造でつながっています。海外のプロバイダーと直接接続したり、IX（インターネット・エクスチェンジ）を利用してプロバイダー同士が接続している大規模なプロバイダーを1次プロバイダーといいます。中小規模な2次プロバイダー、3次プロバイダーといったプロバイダーは上位のプロバイダーを経由することでインターネットサービスをユーザーに提供しています。

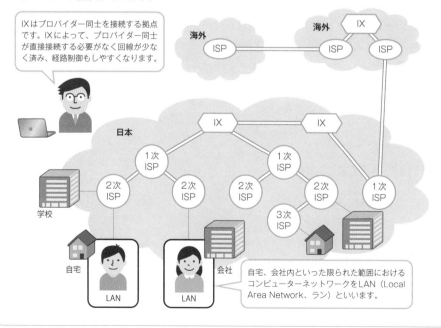

IXはプロバイダー同士を接続する拠点です。IXによって、プロバイダー同士が直接接続する必要がなく回線が少なく済み、経路制御もしやすくなります。

海外

海外

IX

ISP

ISP

ISP

IX

IX

日本

1次
ISP

1次
ISP

1次
ISP

2次
ISP

2次
ISP

2次
ISP

2次
ISP

3次
ISP

学校

自宅

会社

LAN

LAN

自宅、会社内といった限られた範囲における
コンピューターネットワークをLAN（Local
Area Network、ラン）といいます。

02 インターネットの 標準プロトコル

プロトコルとは

プロトコルとはネットワークに接続された機器同士が通信をするときの、あらかじめ決められた共通のルールや手順のことをいいます。お互いに同じプロトコルを利用することにより、データのやりとりが可能となります。

HTTP は「HyperText Transfer Protocol」の略で、HyperText つまり Web コンテンツを送受信するためのプロトコルを指します。

TCP/IP とは

TCP/IP(Transmission Control Protocol/Internet Protocol) とはインターネットにおけるさまざまなサービスを実現するためのプロトコルの集まりのことです。

インターネットへのアクセスが可能なスマートフォンやパソコン、サーバーといったコンピューターはすべて TCP/IP に対応しています。インターネットが登場した当初はコンピューターに搭載される OS や機種ごとに独自のプロトコルが利用されていたため、同じ機器同士でないとお互いに通信できませんでした。インターネットの普及に伴い、お互いに通信するためのプロトコルとして TCP/IP がインターネットにおける標準として広く利用されるようになりました。

HTTP も TCP/IP の一部

TCP/IP は役割ごとに階層化されており、HTTP も TCP/IP におけるアプリケーション同士のやりとりを行う層のプロトコルの中に含まれています。HTTP には Web サーバーがどこにあるのか、また Web コンテンツをどのように転送するのかといった取り決めがありません。インターネットにおいて HTTP だけでは足りない部分を TCP/IP のほかのプロトコルが補うことで、お互いに通信することを可能としています。

プラス1 TCP/IP は複数のプロトコルの集まりですが、インターネットにおいて中心的な役割を果たすプロトコルが TCP と IP であることから TCP/IP と呼ばれるようになりました。

プロトコルを狼煙で例えると…

プロトコルはよく「狼煙（のろし）」に例えられます。「敵の襲来があったとき、狼煙を使って合図を送る」との取り決めがお互いに認識できていれば、情報の伝達を行うことができます。

取り決めが認識できている
すべての人同士で情報伝達ができる

敵が来た！

敵が来た！

コンピューター同士の通信においても、お互いが認識しているプロトコルを利用することにより、データのやりとり（情報の伝達）を行うことができます。

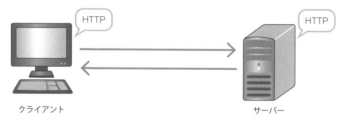

クライアント

サーバー

用途に応じたさまざまなプロトコルが用意されている

「HTTP」はWebブラウザでWebサイトを閲覧するときに使用しますが、そのほかにも用途によってさまざまなプロトコルが存在します。

プロトコル名 （略 称）	プロトコル名 （フルネーム）	用 途
HTTP	**H**yper**T**ext **T**ransfer **P**rotocol	WebブラウザとWebサーバーの間でデータのやりとりをするときに使用する、データ送受信用のプロトコル
FTP	**F**ile **T**ransfer **P**rotocol	コンピューター間でファイルをやりとりをするときに使用する、ファイル送受信用のプロトコル
SMTP	**S**imple **M**ail **T**ransfer **P**rotocol	電子メールを送信するときに使用する、メール送信用のプロトコル
POP	**P**ost **O**ffice **P**rotocol	ユーザーがメールサーバーから自分のメールを取り出すときに使用する、メール受信用のプロトコル

関連
用語　HTTP ▶ P.46　IPアドレス ▶ P.40　TCP/IP ▶ P.38

03　TCP/IP

TCP/IP は役割ごとに、以下の 4 つの**階層（レイヤー）**に分かれています。

- アプリケーション層
- トランスポート層
- インターネット層
- ネットワークインターフェース層

レイヤーごとの役割に応じたプロトコルが各レイヤーで利用されており、4 つの階層のプロトコルが連携することにより、インターネットでの通信が可能となります。

■ アプリケーション層の機能

アプリケーション層では Web ブラウザやメールソフトなどのアプリケーションごとのやりとりを規定しています。これらのアプリケーションの多くはクライアント／サーバーシステム（p.35）で構成されており、クライアントとサーバー間のサービスの要求と応答で成り立っています。またアプリケーション層では、扱うデータをネットワークで転送するのに適したデータ形式に変換し、逆にネットワーク経由で受け取ったデータを私たちが理解できるように変換する役割も持っています。

データの転送処理などはアプリケーション層より下位の層が担当しています。

■ TCP と UDP

アプリケーション層のやりとりに応じて実際にデータの転送処理を行っているのがトランスポート層に位置する **TCP（Transmission Control Protocol）**や **UDP（User Datagram Protocol）**といったプロトコルです。データは分割して転送が行われ、TCP では分割されたデータの順序や欠落をチェックしているのに対して、UDP は分割されたデータの順序が正しいことや欠落がないことを保証していません。TCP は Web サイトやメールなどデータ損失が起きると困るようなアプリケーションで利用されており、UDP は信頼性が低いものの、通信の手続きが簡略化されているぶん、効率よく通信できるため、動画ストリーミングなどで利用されています。

プラス 1　TCP/IP とは別に、コンピューターネットワークにおいてコンピューター同士がお互いに通信を行う際に必要とされる機能を 7 つに階層化した「OSI 参照モデル」と呼ばれる概念があります。

● TCP/IPの階層構造

TCP/IPは4つの階層で構成されています。それぞれに役割分担が決まっており、役割に応じた
プロトコルが利用されています。

レイヤー名	役割・用途	プロトコルの例
アプリケーション層	アプリケーションごとのやりとりを規定	HTTP、SMTP、FTP など
トランスポート層	データの分割や品質保証を規定	TCP、UDP
インターネット層	ネットワーク間の通信を規定	IP、ICMP など
ネットワークインターフェース層	コネクタ形状や周波数といった ハードウェア（物理機器）に関する規定	イーサネット、Wi-Fi など

● アプリケーション層から見たデータの流れ

プロトコルを階層化にすることにより、各階層でそれぞれのプロトコルに従って処理を行うこと
で、ほかの階層の処理がわからなくても一連の処理（通信）が行えます。アプリケーション層で
あればお互いのアプリケーション層同士で処理を行っています。

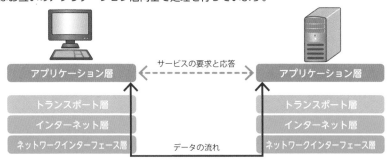

● TCPとUDPの違い

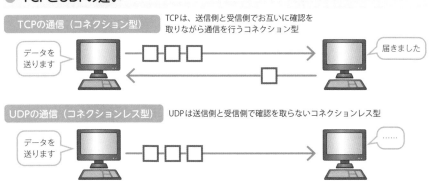

TCPの通信（コネクション型）　TCPは、送信側と受信側でお互いに確認を
取りながら通信を行うコネクション型

UDPの通信（コネクションレス型）　UDPは送信側と受信側で確認を取らないコネクションレス型

関連
用語　TCP ▶ P.60　プロトコル ▶ P.36

2
Web とネットワーク技術

04 IPアドレスとポート番号

IP アドレス

インターネットに接続されたコンピューターを特定し、データの行き先を管理するために利用されているのが **IP アドレス**と呼ばれる識別番号です。インターネットにおいて IP アドレスは世界中でたった 1 つだけであり、いわば IP アドレスは世界中で利用できる「住所」のようなものです。コンピューターに割り当てられた「住所」を指定することで、インターネット上の特定のコンピューターへ訪問（接続）できます。

ポート番号

Web サービスやメールサービスといったように、コンピューターはさまざまなサービスを提供しています。IP アドレスは接続したいコンピューターを指定できますが、コンピューターが提供するサービスまでは指定できません。そのため、コンピューターが提供するサービスを指定するために**ポート番号**と呼ばれるものを利用します。ポート番号はコンピューターの内部にある各サービスを識別するための番号で、マンションやアパートでいう部屋番号に当たります。例えば、あるマンションに住む A さんへ手紙を届けたい際に住所（IP アドレス）だけでは A さんに届けることができないように、部屋番号（ポート番号）を住所と一緒に記載する必要があります。このように IP アドレスとポート番号を指定することで、特定のコンピューターの特定のサービスを受け取ることができます。

Web サーバーは 80 番

ポート番号は「0 ～ 65535」までの数字で、範囲によって用途が決められています。サービス（アプリケーション）によっては使用するポート番号を独自に決めることができますが、一般的に Web サーバー（HTTP）であれば 80 番といったようにポート番号が決まっており、ポート番号によってサービスを識別できます。

プラス1　右ページ図の「ポートの分類」の名称は、以前はシステムポートは「ウェルノウンポート」、ユーザーポートは「レジスタードポート」、動的・私用ポートは「ダイナミックポート」と呼ばれていました。

● IPアドレスの表記

インターネット上のコンピューターを識別するための番号であるIPアドレスは、現在は32ビットの数字で表現されるIPv4のアドレスが主に使われています。IPv4アドレスは「.」（ドット）で8ビットずつ4つに区切られ、以下のように10進数で表記します。

IPアドレス10進数表記	**192.**	**168.**	**1.**	**1**
IPアドレス2進数表記	11000000	10101000	00000001	00000001
	←8ビット→	←8ビット→	←8ビット→	←8ビット→

←——————————32ビット——————————→

IPv4では約 2^{32}（＝約43億）個のIPアドレスが利用できます。

● グローバルIPアドレスとプライベートIPアドレス

IPv4アドレスは用途と場所によって、グローバルIPとプライベートIPの2つに分けられます。

IPアドレスの分類	利用用途	管理	説明
グローバルIPアドレス	インターネットでの通信の際に利用される	ICANN(Internet Corporation for Assigned Names and Numbers)およびその下部組織	インターネットにおいて一意である（ただ1つに決まる）必要があるため、グローバルIPアドレスは自由に利用できない
プライベートIPアドレス	自宅や会社内といったLAN内での通信の際に利用される	個人や会社内で自由に利用できる	・同一LAN内で同じIPアドレスを利用することはできないが、違うLANであれば同じIPアドレスを利用できる ・プライベートIPアドレスだけではインターネットに接続できないため、ルーターなどの機器で「プライベートIPアドレス」⇔「グローバルIPアドレス」を変換する必要がある

電話番号でいう外線番号（グローバルIP）と内線番号（プライベートIP）のような関係です。

● IPアドレスとポート番号

ポート番号はコンピューター内部で動作するサービスを表します。コンピューターがマンションだとすると、IPアドレスは住所、ポート番号は部屋番号のようなものです。

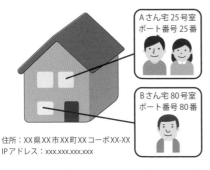

Aさん宅25号室 ポート番号25番
Bさん宅80号室 ポート番号80番

住所：XX県XX市XX町XX コーポ XX-XX
IPアドレス：xxx.xxx.xxx.xxx

ポート番号の範囲	ポートの分類	説明
0〜1023	システムポート	一般的なサーバーソフトウェアで使用
1024〜49151	ユーザーポート	メーカー独自のサーバーソフトウェアで利用
49152〜65535	動的・私的ポート	クライアント側でランダム、自由に使用

ポート番号は「0〜65535」の数字の範囲で利用用途が決められている

05 URLとドメイン名

URL

　Web サイトを閲覧する際に http://example.com/test.html といった文字列を使いますが、この文字列を **URL(Uniform Resource Locator)** と呼びます。

　URL は Web サイトの場所を示すためによく使われていて、「アドレス」や「Webアドレス」とも呼ばれ、私たちにとっても馴染みのあるものだと思います。

　URL は Web サイトだけでなく、インターネットや LAN などのネットワーク上にあるデータやファイルの場所と、それらの取得方法を指定するために利用されます。http://example.com/test.html を例にとって URL の記述内容を見てみると、はじめの「http」はファイルを取得する方法を指定し、次の「example.com」はファイル取得先のサーバーを指定しています。そして最後の「test.html」は取得するファイル名になります。つまり、「HTTP」プロトコルを利用して「example.com」サーバーにある「test.html」ファイルを取得する、という意味になります。

　例に挙げた URL にはサービスを特定するためのポート番号の記載がありませんが、これは HTTP を用いてサーバーに接続する場合はポート番号 80 を使用することが決まっているため、省略されているだけです。省略せずに記載する場合は、http://example.com:80/test.html となります。

ドメイン名

　インターネット上に存在するサーバーを特定し、接続するための識別番号として IP アドレスが存在しますが、上記の例では接続するサーバーの指定に IP アドレスではなく「example.com」という**ドメイン名**と呼ばれる文字列を利用しています。

　数字で表記される IP アドレスは私たちにとって覚えにくく扱いにくいため、ドメイン名が IP アドレスの別名として利用されます。

　ドメイン名はグローバル IP アドレスと同様に一意であり、世界中において同じドメイン名は 1 つとして存在しません。

プラス1　インターネット上でリソースを識別する手段として URI（3-16 節）が存在します。URI は、リソースの場所を示す URL とリソースの名前を示す URN に分けられます。

● URLの構文

URL はスキーム名、ホスト名（ドメイン名）、ポート番号、パス名などで構成されます。

http://example.com:80/test.html
①スキーム名 ②ホスト名（ドメイン名） ③ポート番号 ④パス名

①スキーム名
    プロトコルを指定します。たいていはプロトコル名と同じ名前が使われます。

②ホスト名（ドメイン名）
    接続先のサーバーを指定します。IPアドレスで指定することも可能です。

③ポート番号
    接続先のサーバーのポート番号を指定します。省略可能で、通常は指定しません。指定しない場合は下表のポート
    番号が適用されます。

④パス名
    接続先のサーバー上のディレクトリやファイルを指定します。

主なスキーム名

スキーム名	意味
http	Webサイトを閲覧する際に利用されるプロトコル
https	httpを暗号化(SSL/TLS)しているプロトコル
ftp	ファイル転送で使用するプロトコル

省略時に使われるポート番号

プロトコル	ポート番号
http	80
https	443
ftp	20(データ転送用)および、21(制御用)

● ドメイン名とホスト名、そしてFQDN

ドメイン名とホスト名は同じ意味で使用される場合もありますが、厳密には、ドメイン名は「ネットワークを特定するための文字列」、ホスト名は「ネットワーク上のコンピューターに付ける識別用の文字列」です。

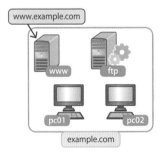

ドメイン名
ホスト名
FQDN
（ホスト名＋ドメイン名）

ホスト名とドメイン名をつなげたものをFQDN（Fully Qualified Domain Name：完全修飾ドメイン名）といい、これでネットワーク上のコンピューターを特定できます。

関連用語　DNS ▶ P.44　IP アドレス ▶ P.40　URI ▶ P.80　ポート番号 ▶ P.40

06　DNS

　ドメイン名は文字列で記述されるため私たちにとってわかりやすいものですが、インターネット上においてコンピューター同士の接続にはあくまでも IP アドレスが利用されるため、コンピューターへ接続するためには IP アドレスが必要となります。そのため、ドメイン名を利用してコンピューターへ接続する際は、**ドメイン名を IP アドレスへと変換**する必要があります。

■ ドメイン名と IP アドレスの変換

　ドメイン名を IP アドレスへと変換する仕組みを DNS（Domain Name System）といいます。そして DNS のサービスを提供するサーバーを **DNS サーバー**といいます。

　DNS の仕組みは「電話帳」と似ています。電話をかける場合は電話番号が必要となりますが、氏名と電話番号が紐付いて管理された電話帳があれば、相手の氏名を知っていれば電話帳を利用することで相手の電話番号を知ることができます。

　DNS ではドメイン名と IP アドレスが紐付いて管理されているため、DNS を利用することでドメイン名から IP アドレスを知ることができます。

　ドメイン名は世界中に無数に存在し、ベリサイン社の「The Domain Name Industry Brief Quarterly Report（2024 年 2 月版）」によると 2023 年第 4 四半期の時点でドメイン名登録数は 3 億 5,980 万件近くあり、前年同期比で 890 万件（2.5%）増加しています。これら膨大な数のドメイン名は、1 台の DNS サーバーによってドメイン名と IP アドレスの紐付けを行っているのではありません。複数の DNS サーバーがツリー状の階層構造をとり、分散処理することで膨大なドメイン名を効率よく処理しています。

■ IP アドレスの問い合わせ

　普段私たちが意識することはありませんが、URL にドメイン名が利用されている場合は、必ず DNS サーバーへ IP アドレスの問い合わせを行っています。そして、DNS サーバーより取得した IP アドレスをもとに Web サーバーへと接続しています。

プラス 1　DNS においてドメイン名から IP アドレス（IPv4）を取得するための情報を A レコードといいます。逆に IP アドレスからドメイン名を取得するための情報を PTR レコードといいます。

● DNSを利用してドメイン名からIPアドレスを調べる

氏名から電話番号を知るために電話帳を使うように、ドメイン名からIPアドレスを知るためには
DNSサーバーを利用します。このDNSサーバーが行っている「ドメイン名とIPアドレスを紐付
ける」ことを「名前解決」といいます。名前解決のためのシステムがDNSです。

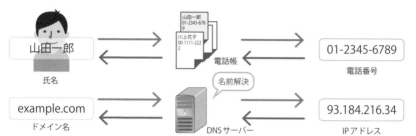

ドメイン名からIPアドレスを取得することを「正引き」、IPアドレスからドメイン名を取得することを「逆引き」という

● DNSを利用したIPアドレスの問い合わせ

ドメイン名は「.」（ドット）で区切られた階層構造になっており、それぞれの階層にDNSサー
バーがあります。各DNSサーバーは同階層のドメイン名とIPアドレスの紐付けと、下階層に
位置するDNSサーバーの管理を行っています。

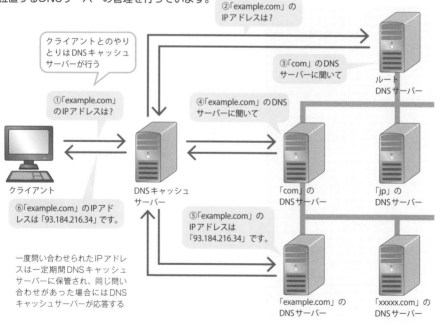

関連
用語　IPアドレス ▶ P.40　ドメイン名 ▶ P.42

07 HTTP

　普段、私たちが Web サイトを閲覧する際には、スマートフォンやパソコンに搭載された Web ブラウザを起動し、Web ブラウザのアドレス欄に直接 URL を入力したり、あるいは登録しておいたブックマークや Web サイト内のリンクをクリックしたりすることで行います。これらの Web サイトの閲覧は、Web ブラウザが Web サーバーに対して要求を送り、Web サーバーがその要求に応答するという単純なやりとりによって実現されます。このやりとりの手順や内容を規定しているのが H T T P（HyperText Transfer Protocol）です。

　HTTP は、クライアント（Web ブラウザ）とサーバー（Web サーバー）の間で Web コンテンツを送受信するためのプロトコルです。実際に Web サイトを閲覧する一連の動作をもとに、HTTP によるクライアントとサーバー間のやりとりを見てみましょう。

クライアントとサーバー間のやりとり

　Web サイトを閲覧する際は、大まかに次の 5 つのステップで行われます。

① Web ブラウザのアドレス欄に URL を入力するか、Web サイト内のリンクをクリックする
② URL やリンク情報に基づいて、Web サーバーにデータを要求する
③ Web サーバーは要求を受け取り、その内容を解析する
④ 解析した結果から、要求されたデータを Web ブラウザに応答する
⑤ Web ブラウザは、Web サーバーから受け取ったデータを解析し、Web ブラウザ上に表示する

　②と④のステップが Web コンテンツの送受信の部分であり、この際に HTTP が利用されます。HTTP の詳細については第 3 章で説明しますが、HTTP はあくまでもデータのやりとり（要求と応答）のみを規定しており、Web サイトを閲覧する際には HTTP だけでなく、IP や TCP などのさまざまなプロトコルが組み合わせて利用されます。

● Webサイトの閲覧は5つのステップで行われる

WebブラウザとWebサーバー間でデータをやりとりする際は、HTTPというプロトコルが使われています。

① Webブラウザのアドレス欄に、閲覧したいWebサイトのURLを入力

② WebブラウザよりWebサーバーに対してデータを要求

HTTP

Webブラウザ（クライアント）

④ WebサーバーよりWebブラウザへデータを応答

⑤ Webサーバーより受け取ったデータをWebブラウザが解析し、Webブラウザ上に表示

Webサーバー（サーバー）

③ Webブラウザからの要求内容を解析し、データを用意

● HTTPでのクライアントとサーバー間のデータの流れ

Webサイト閲覧においてWebブラウザからWebサーバーに対してデータを要求した際は、アプリケーション層ではHTTP、トランスポート層ではTCP、インターネット層ではIP、ネットワークインターフェース層ではイーサネットプロトコルが利用されます。

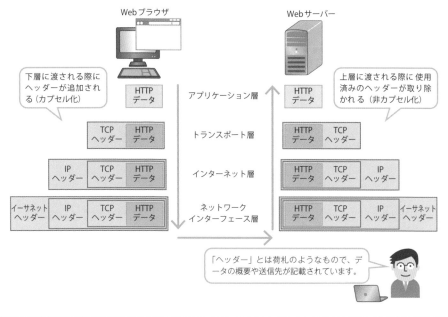

Webブラウザ

Webサーバー

下層に渡される際にヘッダーが追加される（カプセル化）

上層に渡される際に使用済みのヘッダーが取り除かれる（非カプセル化）

| HTTPデータ | アプリケーション層 | HTTPデータ |

| TCPヘッダー | HTTPデータ | トランスポート層 | HTTPデータ | TCPヘッダー |

| IPヘッダー | TCPヘッダー | HTTPデータ | インターネット層 | HTTPデータ | TCPヘッダー | IPヘッダー |

| イーサネットヘッダー | IPヘッダー | TCPヘッダー | HTTPデータ | ネットワークインターフェース層 | HTTPデータ | TCPヘッダー | IPヘッダー | イーサネットヘッダー |

「ヘッダー」とは荷札のようなもので、データの概要や送信先が記載されています。

関連用語　URL ▶ P.42　Web クライアント ▶ P.116　Web サーバー ▶ P.114　Web ブラウザ ▶ P.116

IPv4 と IPv6

　IP には、IPv4 と IPv6 の 2 種類があります。IPv6 は、IPv4 の後継となるべく策定されたプロトコルです。IPv4 で利用可能なアドレスが将来枯渇すると予想されたために用意されました。IP で使えるアドレスの数は、ビット数で決まります。IPv4 アドレスが 32 ビット、IPv6 アドレスは 128 ビットとビット数は 4 倍ですが、アドレスとして使える数は格段の違いがあります。IPv4 アドレスが約 43 億個なのに対して、IPv6 アドレスは約 340 澗個です。世界人口を 80 億人とすると、IPv4 では全人類に IP アドレスを割り当てられません。それが IPv6 だと 1 人あたり 4.2 穣個となります。4.2 穣個でも想像できない桁数ですよね。人間の細胞の数は 60 兆といわれているので、全人類の細胞 1 つ 1 つに割り当てるとしたら、700 兆個ずつ割り当てられる計算になります。

　実はこの IPv6 は、1990 年台前半からプロトコルの策定作業が進められ、1990 年代後半にはほぼ実用化の段階に入っていました。しかし、それから 30 年以上経過しているものの、まだ IPv4 からの移行は進んでいません。理由の 1 つとして IP アドレスを節約する技術が進んだことがあります。企業など組織内では、プライベートネットワークが構築され、プライベート IP アドレスが利用されます。そして外部のインターネットに接続する際に、ネットワークアドレス変換（NAT）によりグローバル IP に変換されます。これにより 1 つの IP アドレスで数百～数千の利用者がインターネットを利用できます。

　一方で、このような節約術にかかわらず IPv4 は事実上枯渇しました。近年のスマートフォンや IoT(Internet of Things、モノのインターネット) の普及で、インターネットに接続するデバイスが爆発的に増えているのもその一因です。しかしながら IPv4 は枯渇したものの、2024 年現在でも配布済みの IPv4 を利用し続けられています。IPv4 と IPv6 は互換性がないため、それぞれのネットワーク機器はそのままでは互いに通信できません。そのため、移行へのハードルが非常に高いです。世界中で IPv6 への移行は徐々に進んでいるものの、完全な移行にはまだまだかなりの時間がかかりそうです。

HTTPでやりとりする 仕組み

この章では、HTTP がどのようにして Web サイトの閲覧を実現しているのかを説明します。さらに、HTTPだけでは実現できない、現在のWeb サイトの仕組みを支える技術についても取り上げます。

01 HTTPメッセージ

H T T P（HyperText Transfer Protocol）はその名の示すとおり、「Hyper Text」つまり HTML などのテキストファイルや、画像などのコンテンツをやりとりするときに使われるプロトコルです。インターネットが普及し、パソコンやスマートフォンが手元にあるのが当たり前になった時代において、Web サイト閲覧などで利用されるHTTPは私たちにとって一番馴染みのあるプロトコルといってもよいでしょう。

HTTP がはじめて登場したのは 1990 年代であり、当初は HTML のテキスト情報しか配信する機能を持たない非常にシンプルなプロトコルでした。以降、Web の進化に合わせて機能追加と改良を重ねながらさまざまなバージョンが登場していますが（右ページの図を参照）、HTTP の基本動作に変わりはありません。

HTTP メッセージによる「要求」と「応答」

HTTP ではほかのクライアント／サーバーシステムと同様に、クライアントである Web ブラウザが要求を送り、サーバーである Web サーバーがその要求に対して応答を返すといった単純なやりとりを繰り返すことで、Web サイトの閲覧を可能としています。HTTP において、Web ブラウザと Web サーバーでやりとりする際に利用されるのが「**HTTP メッセージ**」と呼ばれるデータ形式です。HTTP メッセージを利用することで、Web ブラウザがどういったデータを欲しいのかという要求を Web サーバーに伝えることができ、また Web サーバーも HTTP メッセージを利用して Web ブラウザの要求に対する応答ができます。

2 種類の HTTP メッセージ

HTTP メッセージは、Web ブラウザからの要求である「**HTTP リクエスト**」と、Web サーバーからの応答である「**HTTP レスポンス**」の 2 種類に分けることができます。HTTP では基本的に、1 つの HTTP リクエストに対して 1 つの HTTP レスポンスを返します。

プラス1 HTTP 以外のプロトコルも基本的に「リクエスト」と「レスポンス」で成り立っています。

● HTTPの歴史

HTTPは1991年に登場して以降、インターネットの進化とともに機能の追加と改善を重ねながらバージョンアップをしています。

| HTTP/0.9 | HTTP/1.0 | HTTP/1.1 | HTTP/2 | HTTP/3 |

1991年　1996年　1997年（1999年、2014年改訂）　2015年　2022年

● HTTPの基本動作

HTTPにはさまざまなバージョンが存在しますが、「クライアントからの要求」と「サーバーからの応答」というやりとりの流れはすべてのバージョンで共通です。

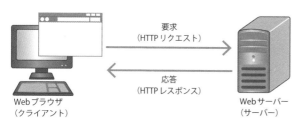

要求（HTTPリクエスト）
応答（HTTPレスポンス）
Webブラウザ（クライアント）
Webサーバー（サーバー）

HTTPのバージョンはWebブラウザとWebサーバーの両方が対応しているものが利用される。WebブラウザがHTTP/3に対応していても、WebサーバーがHTTP/1.1までしか対応していなければ、HTTP/1.1が使われる

● HTTPメッセージの構成

HTTPメッセージはクライアントとサーバーがデータを交換するための手段で、バージョンによってフォーマットが変わります。

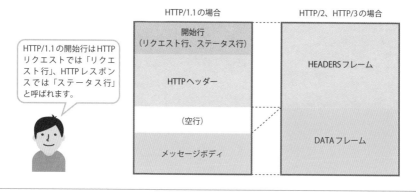

HTTP/1.1の場合　HTTP/2、HTTP/3の場合

開始行（リクエスト行、ステータス行）
HTTPヘッダー
（空行）
メッセージボディ

HEADERSフレーム
DATAフレーム

HTTP/1.1の開始行はHTTPリクエストでは「リクエスト行」、HTTPレスポンスでは「ステータス行」と呼ばれます。

関連用語　HTTPヘッダー ▶ P.58　HTTPメソッド ▶ P.54　HTTPリクエスト／HTTPレスポンス ▶ P.52
ステータスコード ▶ P.56

51

02 HTTPリクエスト／HTTPレスポンス

　HTTP におけるやりとりにおいて「HTTP リクエスト」と「HTTP レスポンス」の 2 種類の HTTP メッセージが利用されます。HTTP/1.1 を例にそれぞれのメッセージの中身を見ていきましょう。

HTTP リクエスト

　HTTP リクエストは、「リクエスト行」「HTTP ヘッダー」「メッセージボディ」の 3 つに分けることができます。

　リクエスト行では Web サーバーに対してどのような処理をして欲しいかというリクエストの要求内容を記述しており、具体的には「情報を取得したい」とか「情報を送信したい」といった情報を Web サーバーへ伝えます。HTTP ヘッダーでは Web ブラウザの種類やバージョン、対応するデータ形式など付加的な情報を記述しています。メッセージボディは Web ページ内のフォーム欄などに入力したテキストデータなどを Web サーバーに送る目的で使用されます。

HTTP レスポンス

　Web ブラウザから HTTP リクエストを受け取った Web サーバーは、リクエストを処理して、その結果を **HTTP レスポンス**として応答します。

　HTTP レスポンスは、「ステータス行」「HTTP ヘッダー」「メッセージボディ」の 3 つに分けることができます。ステータス行では Web ブラウザから受け取った HTTP リクエストに対して Web サーバー内での処理の結果を伝えます。HTTP ヘッダーでは Web サーバーの種類や、送信するデータの形式などの付加的な情報を記述しています。メッセージボディには Web ブラウザからリクエストされた HTML などのデータが格納されます。

　HTML のデータを受け取った Web ブラウザは内容を解析し、受け取った HTML 内に画像などのリンクが存在する場合は、再度 Web サーバーへ HTTP リクエストを送信します。HTTP リクエストと HTTP レスポンスのやりとりを繰り返し行うことで、Web サイトのデータを取得し、表示することができます。

プラス1　Web ブラウザ以外のクライアントでもまったく同じ手順で Web サーバーからデータを受け取ります。

● WebブラウザがHTTPリクエストを送ってデータを要求する

HTTPリクエスト

メソッド
Webサーバーに対
する要求を示す

パス名
リクエスト対象の
データを示す

バージョン
HTTPのバージョン
を示す

❶ `GET` `/index.html` `HTTP/1.1`

❷
Host: example.com
User-Agent: Mozilla/5.0 (Windows NT 6.1; Win64; x64)
Accept: text/html,application/xhtml+xml,application/xml
Accept-Encoding: gzip, deflate, sdch
Accept-Language: ja,en-US;q=0.8,en;q=0.6
Connection: Keep-Alive

❸

❹

※HTTP/1.1の場合

Webブラウザ

❶リクエスト行（開始行）
　Webサーバーに対してどのような処理を依頼するのかを伝える情報が含まれている。
❷HTTPヘッダー
　Webブラウザの種類や、対応しているデータのタイプ、データの圧縮方法、言語などの情報を伝える。
❸空白行
　1行空けることでHTTPヘッダーの終わりを伝える。
❹メッセージボディ
　Webサーバーにデータを送るために使われる。空の場合もある。

HTTP/2、HTTP/3では開始行
がない代わりに、メソッドや
ステータスコードなどは「擬似
ヘッダー」で表されます。

● Webサーバーはリクエストに応じてHTTPレスポンスを返す

HTTPレスポンス

バージョン
HTTPのバー
ジョンを示す

ステータスコード
リクエストに対するWebサーバーで
の処理の結果を示す3桁の数字

テキストフレーズ
ステータスコードの内
容をテキストで示す

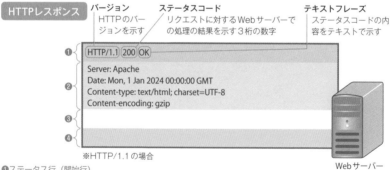

❶ `HTTP/1.1` `200` `OK`

❷
Server: Apache
Date: Mon, 1 Jan 2024 00:00:00 GMT
Content-type: text/html; charset=UTF-8
Content-encoding: gzip

❸

❹

※HTTP/1.1の場合

Webサーバー

❶ステータス行（開始行）
　WebブラウザにWebサーバー内での処理の結果を伝える。
❷HTTPヘッダー
　Webサーバーのソフトウェア情報や、返信するデータのタイプ、データの圧縮方法などの情報を伝える。
❸空白行
　1行空けることでHTTPヘッダーの終わりを伝える。
❹メッセージボディ
　HTMLや画像などのデータを格納する場所。

関連用語　HTTPヘッダー ▶ P.58　HTTPメソッド ▶ P.54　HTTPメッセージ ▶ P.50　Webサーバー ▶ P.114　ステータスコード ▶ P.56

03 HTTPメソッド

HTTP リクエストを用いて Web サーバーに具体的な要求内容を伝えているのは、HTTP リクエスト内に含まれる「**HTTP メソッド**」です。HTTP メソッドは目的別に複数定義されており、例えば HTML ファイルなどコンテンツを取得したい場合は「**GET**」メソッド、データを Web サーバーに対して送信する場合は「**POST**」メソッドが利用されます。Web サイトを閲覧する際に主に利用される HTTP メソッドは、この「GET」メソッドと「POST」メソッドの 2 つです。Web サーバーが保管しているコンテンツを書き換えたり削除できたりする「PUT」メソッドや「DELETE」メソッドは、Web サイトの改ざんができてしまうため、Web サーバー側で使用できないよう設定されている場合がほとんどです。

■ 「GET」と「POST」の違い

コンテンツを取得する際に利用する GET メソッドは、POST メソッドと同じようにデータを送信する際にも利用できますが、GET メソッドと POST メソッドでデータの送信方法が異なります。

GET メソッドを利用してデータを送信する場合は、URL の後ろに送りたいデータを付与して送ります。一方、POST メソッドを利用してデータを送信する場合は、HTTP リクエスト内のメッセージボディ内（あるいは DATA フレーム内）にデータを含めて送ります。

GET メソッドを利用しデータを送る場合、URL にデータが組み込まれるため、送ったデータが Web ブラウザの閲覧履歴に残ってしまいます。一方、POST メソッドを利用した場合はメッセージボディ内にデータが組み込まれるため、閲覧履歴には残りません。そのため、ショッピングサイトや会員制の Web サイトにおいてログインする際に、ユーザー ID やパスワードといったデータを Web サーバーに対して送る場合は、機密性を考慮して POST メソッドが利用されます。また、Web ブラウザによっては URL に使用できる文字列数に制限があるため、大量にデータを送信したい場合においても POST メソッドが利用されます。

プラス1 HTTP が登場した当初、HTTP メソッドは GET メソッドしかありませんでした。

● さまざまなHTTPメソッド

HTTPメソッドはクライアントがWebサーバーに要求する処理の種類を表します。Webサーバーによっては制限されているメソッドもありますが、「HEAD」メソッドと「GET」メソッドは必須です。

HTTPメソッド名	説明
HEAD	HTTPヘッダーの情報のみを取得するHTTPメソッド。データの更新日時やデータのサイズのみを取得したい場合に利用する
GET	HTMLファイルや画像といったデータを取得する場合に利用する。Webサイト閲覧時において使用頻度が高い
POST	フォームに入力したパスワードといったデータを転送する場合に利用する
PUT	データ（ファイル）をアップロードする場合に利用する。Webサーバー上のファイルを置き換えることができるため、利用できないように制限されている場合が多い
DELETE	指定したデータ（ファイル）を削除する場合に利用する。PUTメソッド同様、利用できないように制限されている場合が多い
CONNECT	Webサーバーに接続するまでに別のサーバーを中継する場合に利用する。CONNECTメソッドを悪用した攻撃があるため、利用を制限されている場合が多い
OPTIONS	利用できるHTTPメソッドを問い合わせる場合に利用する。PUTやDELETEメソッドのように利用を制限されているHTTPメソッドがあるため、事前に機能を確認する際に利用される
TRACE	WebブラウザとWebサーバーの経路をチェックする場合に利用する。TRACEメソッドを悪用した攻撃があるため、利用を制限されている場合が多い

● データ送信における「GET」と「POST」の違い

GETメソッドとPOSTメソッドは、フォームなどに入力したデータをWebサーバーへ送ることができるメソッドですが、送り方が異なります。
下図は、ある会員サイトへユーザー名とパスワードを指定してログインする場合の例です。

GETメソッド

リクエスト行	GET /login.html?name=test&pass=123

URLの末尾に「?」を付け、「パラメーター名＝値」の形式で送信する
※HTTP/1.1の場合

POSTメソッド

リクエスト行	POST /login.html HTTP/1.1
メッセージボディ	name=test&pass=123

情報をメッセージボディに記録して送信する
※HTTP/1.1の場合

GETメソッドの場合、URLにユーザー名（name）やパスワード（pass）が含まれるため、それらの情報がWebブラウザの履歴に残ってしまいます。

※この図ではHTTPヘッダーを省略

パスワード情報に限らずメールアドレスや住所といった個人情報をWebサーバーに送る場合はPOSTメソッドが使われます。

関連用語　CGI ▶ P.124　HTTP リクエスト ▶ P.52　URL ▶ P.42

04 ステータスコード

　Web ブラウザから要求された HTML ファイルや画像といったデータを Web サーバーは HTTP レスポンスとして応答しますが、HTTP レスポンス内には HTTP リクエストに対する Web サーバー内での処理結果が含まれています。それが「**ステータスコード**」です。ステータスコードは 3 桁の数字からなり、処理内容によって 100 番台から 500 番台までの 5 つに分類されています。普段私たちが Web サイトを閲覧しているときにステータスコードを見ることはありませんが、Web ブラウザ上に Web サイトが正常に表示されている場合は「200」番のステータスコードが返ってきています。時々エラー画面として「ページが見つかりません」といった画面が表示されることがありますが、その際は「404」番のステータスコードが返ってきています。

ステータスコードの分類

　ステータスコードは、以下の 5 つに分類されています。

- **100番台**：HTTP リクエストを処理中であることを通知しています。Web サーバーがデータを受け入れ可能かどうか確認するための一時応答で使用されます。
- **200番台**：HTTP リクエストに対して、正常に処理した場合に通知しています。Web ブラウザ上で Web サイトが正常に表示された場合は、ほとんどがこのステータスコードを返しています。
- **300番台**：HTTP リクエストに対して、転送処理などの Web ブラウザ側で追加の処理が必要であることを通知しています。Web サイトの URL が変更されている場合などに使用されます。
- **400番台**：クライアント（Web ブラウザ）のエラーであることを通知しています。リクエストされた HTML ファイルなどが Web サーバーに存在しない場合にこのステータスコードを返します。「404 Not Found」は一般的に一番よく見かけるステータスコードです。
- **500番台**：Web サーバーのエラーであることを通知しています。Web サーバーが何らかのエラーによってリクエストに応えられない場合や、高負荷状態で一時的に Web コンテンツを転送できない場合にこのステータスコードを返します。

プラス1　「ティーポットにコーヒーを淹れさせようとして、拒否された場合に返す（418 I'm a teapot）」といったジョーク用のステータスコードもあります。

● 代表的なステータスコード

HTTPレスポンスに含まれるステータスコードは、応答の種類を表します。

1xx Informational（情報）

100	continue	リクエスト継続中を通知する

2xx Success（成功）

200	OK	リクエストが正常に受理されたことを通知する

3xx Redirection（転送）

301	Moved Parmanently	リクエストされたコンテンツが移動したことを通知する
302	Found	リクエストされたコンテンツが一時的に移動（別の場所で発見）したことを通知する
304	Not Modified	リクエストされたコンテンツが未更新であることを通知する。Webブラウザに一時保存されたコンテンツが表示される

4xx Client Error（クライアントエラー）

400	Bad Request	リクエストが不正であることを通知する
403	Forbidden	コンテンツへのアクセス権がないことを通知する
404	Not Found	リクエストされたコンテンツが未検出であることを通知する

5xx Server Error（サーバーエラー）

500	Internal Server Error	リクエスト処理中にサーバー内部でエラーが発生したことを通知する
503	Service Unavailable	アクセス集中やメンテナンスなどの理由で一時的に処理不可であることを通知する

● クライアント（400番台）とサーバー（500番台）のエラー

Webサイトでエラーが起きたときに何が原因なのかすぐにわかるので、400番台はクライアント（Web ブラウザ）のエラー、500番台は Webサーバーのエラーであると覚えておくとよいでしょう。

`404`

要求されたWebページが存在しない場合に返されるステータスコード。

`503`

Web サーバーに負荷がかかり一時的にWeb サイトが表示できない場合に返されるステータスコード。

Not Found

The requested URL /aaa was not found on this server.

Service Temporarily Unavailable

The server is temporarily unable to service your request due to maintenance downtime or capacity problems. Please try again later.

グーグルやアマゾンはイラストや画像入りのページを用意しています。

関連用語 F5 攻撃 ▶ P.142　HTTP レスポンス ▶ P.52　Web サーバー ▶ P.114

05　HTTPヘッダー

　HTTP リクエストと HTTP レスポンスはいずれも「**HTTP ヘッダー**」を利用することで、HTTP メッセージに関する詳細な情報を送信することが可能です。HTTP ヘッダーは複数の「**ヘッダーフィールド**」と呼ばれる行から成り立っており、それぞれのヘッダーフィールドはフィールド名、その後にコロン（:）と 1 文字分の空白、そしてフィールド値で構成されます。

　ヘッダーフィールドはそれぞれが持つ情報の種類によって、以下の 4 つに分けることができます。

- 一般ヘッダーフィールド

  HTTP リクエストと HTTP レスポンスの両方に含まれるヘッダーフィールド。代表的なものとして HTTP メッセージが作成された日付を示す「date」があります。

- リクエストヘッダーフィールド

  HTTP リクエストのみに含まれるヘッダーフィールド。代表的なものとして Web ブラウザといったクライアントの固有情報を示す「user-agent」があります。Web サーバーは「user-agent」を参照して、スマートフォンからの接続であればスマートフォン向けの Web サイトを表示するといったクライアントごとに異なる処理を行うことができます。

- レスポンスヘッダーフィールド

  HTTP レスポンスのみに含まれるヘッダーフィールド。代表的なものとして Web サーバー機能を提供するプロダクト情報を示す「server」があります。ただ、詳細なプロダクト情報がわかってしまうとサイバー攻撃の攻撃対象となる可能性があるため、「server」が示す情報を制限することも可能です。

- エンティティヘッダーフィールド

  HTTP リクエストと HTTP レスポンスの両方に含まれるヘッダーフィールド。一般ヘッダーが HTTP メッセージ全体に対しての付加情報を示すものであるに対して、エンティティヘッダーはメッセージボディに含まれるデータの付加情報を示します。代表的なものにデータの種類を示す「content-type」があります。

プラス 1　リクエストヘッダーフィールドの「referer」の綴りは正しくは「referrer」ですが、HTTP の技術仕様を決める際に誤って登録され、以来間違ったままで使用されています。

● ヘッダーフィールドの構成

ヘッダーフィールドは、HTTPメッセージでのやりとりにおける詳細な情報を示すために使われます。

date: Mon, 01 Jan 2024 00:00:00 GMT

フィールド名　　　　　　　　　　　　　　　　　　　　　　フィールド値

● 主なヘッダーフィールド

一般ヘッダーフィールド

名前	内容
connection	リクエスト後はTCPコネクションを切断など、接続状態に関する通知
date	HTTPメッセージが作成された日付
upgrade	HTTPのバージョンをアップデートするように要求

リクエストヘッダーフィールド

名前	内容
host	リクエスト先のサーバー名
referer	直前にリンクしていた(訪れていた)WebページのURL
user-agent	Webブラウザの固有情報(プロダクト名、バージョンなど)

レスポンスヘッダーフィールド

名前	内容
location	リダイレクト先のWebページの情報
server	Webサーバーの固有情報(プロダクト名、バージョンなど)

エンティティヘッダーフィールド

名前	内容
allow	利用可能なHTTPメソッドの一覧
content-encoding	コンテンツのエンコード(データ変換)方式
content-language	コンテンツの使用言語
content-length	コンテンツのサイズ。単位はバイト(byte)
content-type	コンテンツの種類(テキスト、画像など)
expires	コンテンツの有効期限
last-modified	コンテンツの最終更新時刻

HTTP/1.1以前はヘッダー名の大文字・小文字の制約はありませんでしたが、HTTP/2、HTTP/3ではすべて小文字である必要があります。

上記はHTTPで定義されているヘッダーフィールドの一部です。ヘッダーフィールドは独自に定義したものを利用することも可能です。

06 TCPによるデータ通信

　Webブラウザからの HTTP リクエストと、それに対しての Web サーバーからの HTTP レスポンスを繰り返し行うことで Web サイトを閲覧できますが、これら HTTP のデータのやりとりを行うのは **TCP(Transmission Control Protocol)** の役割です。TCP は Web サイトの閲覧だけではなく、メールの送受信やファイル転送といったさまざまなデータ転送時に利用されています。

　TCP ではまずクライアントとサーバーがお互いに通信ができる状態なのかを確認し、**「コネクション」**と呼ばれる通信経路を確立したうえでデータのやりとりを行います。このコネクションの確立は、次の 3 回のやりとりにより行われます。

- **クライアントからの接続要求（SYN）**
  クライアントからサーバーに対して、接続を要求するための **SYN パケット**と呼ばれるデータを送ります。SYN パケットを受け取ったサーバーは、それに対して応答します。

- **クライアントに対して確認応答および、サーバーからの接続要求（SYN+ACK）**
  TCP では信頼性のある通信を実現するために、データを送信した後、必ず送信相手からの確認応答を受け取ってデータの送信が完了したと判断します。この確認応答が **ACK パケット**です。クライアントからの接続要求に対してサーバーが ACK パケットを送信することで、接続可能であることを伝えます。また、サーバーは ACK パケットを送信するのと同時に、クライアントに対して接続を要求するために SYN パケットを送信します。

- **サーバーに対して確認応答（ACK）**
  サーバーからの接続要求に対してクライアントは ACK パケットを送信します。
  このようにお互いに SYN パケットを送り ACK パケットで応答することで、双方向で通信が可能なことを確認し、コネクションの確立が完了します。

　コネクションの確立によりクライアントとサーバーがお互いに通信が可能であると確認したうえで、データのやりとりが開始されます。

プラス1　コネクション確立の際はやりとりの回数を減らすため Web サーバーは SYN と ACK を同時に送信しますが、切断の場合は各々の処理が完了してから切断する必要があるためFINとACKは別々に送信します。

イメージでつかもう！

● TCPにおけるデータのやりとり

TCPはクライアントとサーバー間でまずコネクションの確立を行ってから、データをやりとり
します。コネクションの確立は3回のやりとりによって行われるため、「3ウェイハンドシェイ
ク」と呼ばれます。データ送受信が完了して通信を終了（コネクションの切断）する際は、4回
のやりとりが必要となります。

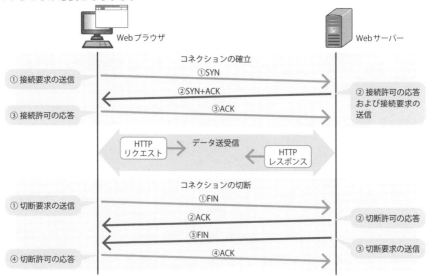

● 信頼性の高いデータ通信の仕組み

TCPでは信頼性の高いデータ通信を実現するために、コネクションの確立だけでなく、データ
を転送する際に「再送制御」および「順序制御」を行っています。また、効率よいデータ転送を
行うため、データを受け取るたびにACKパケットを送信するのではなく、複数のデータを受け
取ってからACKパケットを送信します。

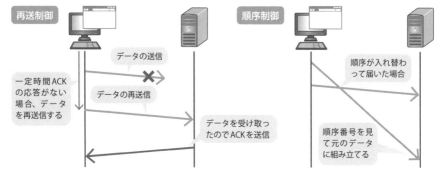

関連
用語 SYN Flood 攻撃 ▶ P.142　TCP/IP ▶ P.38　プロトコル ▶ P.36

07 HTTP/1.1のやりとり

HTTPは、HTTP/0.9、HTTP/1.0、HTTP/1.1、HTTP/2、そしてHTTP/3といった具合に機能追加と改良が重ねられています。最初に登場したHTTPにはバージョン番号がありませんでしたが、以降のバージョンと区別するために、後にHTTP/0.9と呼ばれるようになりました。HTTP/1.1が登場したのは1997年ですが、現在でも多く利用されています。

HTTPキープアライブ

HTTPリクエストやHTTPレスポンスといったデータのやりとりはTCPを利用して行われますが、HTTP/1.0以前ではWebブラウザからHTTPリクエストを送信するたびにコネクションを確立し、WebサーバーがHTTPレスポンスとしてデータを引き渡した段階でコネクションを閉じるという方式が用いられてきました。

そのため、Webページ内に画像が埋め込まれていた場合、Webページ（html）と画像を取得するためにそれぞれでコネクションを確立する必要がありました。

1つのWebページ内に多数の画像が埋め込まれるといった使い方が普及すると、HTTPリクエストごとにコネクションを確立していたのでは効率が悪く、無駄な通信が発生してしまいます。そこで、HTTP/1.1以降ではコネクションを継続して利用する方式となりました。この機能を **HTTPキープアライブ** と呼びます。HTTP/1.1以降では特に指定がない限りこの機能が利用されます。

HTTPパイプライン

HTTPにおけるデータやりとりの効率化のために、HTTP/1.1では **HTTPパイプライン** と呼ばれる機能がサポートされています。HTTPでは通常1つのHTTPリクエストを送信し、それに対するHTTPレスポンスを受け取るまでは次のHTTPリクエストを送信することができませんが、HTTPパイプラインはHTTPレスポンスを待つことなく複数のHTTPリクエストを送信することを可能とします。

● コネクションを継続利用できるHTTPキープアライブ

HTTPリクエストごとにコネクションを確立する必要がないので、無駄な時間を省くことができ、効率的にデータ転送が行えます。

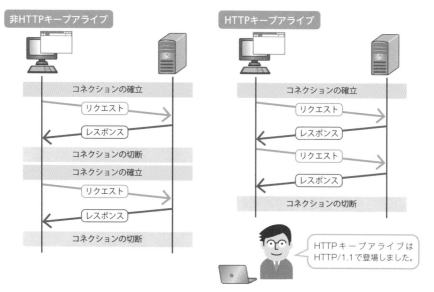

非HTTPキープアライブ

HTTPキープアライブ

コネクションの確立
リクエスト
レスポンス
コネクションの切断
コネクションの確立
リクエスト
レスポンス
コネクションの切断

コネクションの確立
リクエスト
レスポンス
リクエスト
レスポンス
コネクションの切断

HTTPキープアライブは
HTTP/1.1で登場しました。

● 複数のHTTPリクエストを送信できるHTTPパイプライン

HTTPリクエストに対するHTTPレスポンスを待つことなく、複数のHTTPリクエストを送る機能です。データ転送に時間がかかる状況なら、時間を短縮できます。

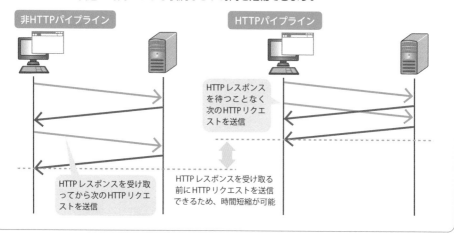

非HTTPパイプライン

HTTPパイプライン

HTTPレスポンス
を待つことなく
次のHTTPリクエ
ストを送信

HTTPレスポンスを受け取
ってから次のHTTPリクエ
ストを送信

HTTPレスポンスを受け取る
前にHTTPリクエストを送信
できるため、時間短縮が可能

関連
用語 HTTP ▶ P.50 HTTP リクエスト ▶ P.52

08 HTTP/2のやりとり

HTTP/1.1 が登場した 1997 年以降、Web サイトはより複雑になり、1 つの Web ページで多くの画像が使われるなど、Web ブラウザと Web サーバーの間でやりとりされるデータ量は飛躍的に増えています。前節で見たとおり HTTP/1.1 でも多くの機能改善がされてきましたが、より Web サイトの閲覧を快適にするためにデータのやりとりを高速化することを目的とした HTTP/2 が登場しました。

HTTP/2 はグーグルが提案した SPDY（スピーディ）と呼ばれる通信の高速化を目的としたプロトコルがベースとなっており、2015 年 5 月に正式に標準化されました。HTTP/2 において通信の高速化を担う部分は、ほぼ SPDY の機能を継承しており、HTTP/1.1 と比較してさまざまな改良点があります。

■ ストリームによる多重化

従来の HTTP では HTTP リクエストと HTTP レスポンスを 1 つずつしか同時に送受信できない制約があり、あまり効率的ではありませんでした。この問題を改善するべく HTTP/1.1 では HTTP パイプライン機能がサポートされましたが、HTTP パイプラインには「HTTP リクエストの順番どおりに HTTP レスポンスを返さなければいけない」という制約があります。そのため、Web ブラウザから複数の HTTP リクエストが送信されてきたとしても、ある 1 つの HTTP レスポンスの処理に時間がかかる場合、それ以降の HTTP レスポンスはその処理が終わるまで待つ必要があり、Web ページの表示速度が遅くなるといった問題点がありました。

この問題を解決するために、HTTP/2 では複数の HTTP リクエストと HTTP レスポンスのやりとりを可能にする「**ストリーム**」という概念を導入しています。ストリームは仮想的な通信経路のようなもので、対となる HTTP リクエストと HTTP レスポンスが 1 つのストリーム内でやりとりされます。ストリームは複数生成することができ、それらは独立しているため並列的に HTTP リクエストと HTTP レスポンスのやりとりができます。そのため、HTTP パイプラインで問題となっていた HTTP レスポンスの待ち状態が発生するということがなくなり、より高速に効率よくデータのやりとりができるようになりました。

プラス1 前の処理が止まることで後続の処理が待たされることを Head of Line Blocking（HOL ブロッキング）といいます。

● 仮想的な通信経路「ストリーム」

HTTP/2ではWebブラウザとWebサーバー間で確立された１つのTCPコネクション上で複数の
HTTPメッセージのやりとりを並列的に行うことができます。それらは仮想的な通信経路である
「ストリーム」で管理されます。

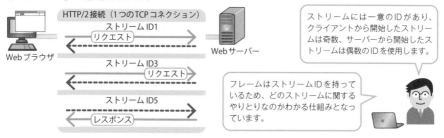

ストリームには一意のIDがあり、
クライアントから開始したストリー
ムは奇数、サーバーから開始したス
トリームは偶数のIDを使用します。

フレームはストリームIDを持って
いるため、どのストリームに関する
やりとりなのかわかる仕組みとなっ
ています。

ストリームはあくまでも管理の単位で、
実際には各HTTPメッセージを細かく分
割した「フレーム」を送受信し、HTTP
メッセージがあたかも並列的にやりとり
されているようにしています。

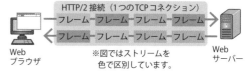

※図ではストリームを
色で区別しています。

● 「HTTPパイプライン」と「ストリームによる多重化」の比較

どちらも複数のHTTPリクエストを送信できることに変わりはないですが、HTTPパイプライン
ではHTTPリクエストの順番どおりに応答する必要があるため、処理に時間がかかる場合、待ち
時間が発生してしまいます。

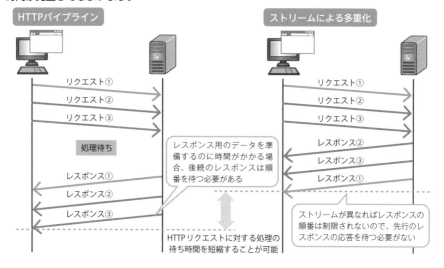

09 HTTP/2での改良点

HTTP/2ではストリームの多重化のほかに、主に以下のような改良点があります。

■ バイナリ形式の利用

HTTP/1.1以前ではHTTPリクエストやHTTPレスポンスのやりとりをテキスト形式のフォーマットで行っていました。それがHTTP/2では、より効率的にデータをやりとりするためにバイナリ形式（プラス1参照）のフォーマットを用いるようになりました。HTTP/1.1以前ではバイナリ形式のデータをやりとりする場合はいったんテキスト形式へと変換する必要がありましたが、HTTP/2ではバイナリ形式のデータをそのままやりとりできます。それにより、変換処理にかかる時間とWebブラウザ、Webサーバーへの負担を軽減できます。

■ ヘッダー圧縮

HTTP/1.1以前でもHTMLファイルなどのテキスト形式ファイルのデータを圧縮して転送することが可能ですが、HTTP/2ではこれに加えヘッダー情報も圧縮することが可能です。ヘッダー情報にはHTTPリクエストであれば利用しているWebブラウザの種類など、HTTPレスポンスであればWebサーバーのバージョン情報などが含まれるため、HTTPリクエストやHTTPレスポンスのやりとりをするたびに重複したデータを転送することになります。そこでHTTP/2ではヘッダー情報の中から差分だけを送るHPACKと呼ばれる圧縮方式を利用することで、データ転送量を削減できます。

■ サーバープッシュ

HTTP/2ではWebブラウザからのHTTPリクエスト内容をもとにWebサーバー側で必要なファイルを判断し、事前にWebブラウザに送信することが可能です。例えばWebブラウザがWebページのHTMLファイルをリクエストした際に、HTMLファイル内に画像が埋め込まれていた場合、Webサーバーは画像データに対するHTTPリクエストをWebブラウザから受けなくても、事前に画像データを転送します。

プラス1 バイナリ形式はコンピューターが扱うためのデータ形式で、テキスト形式はバイナリ形式を人間が読める形に変換したものです。バイナリ形式のほうがデータサイズが小さくなります。

3
HTTPでやりとりする仕組み

● バイナリ形式の利用

HTTP/1.1以前（左図）ではHTTPリクエスト、HTTPレスポンスにおいてすべてのデータが一度に送信されていました。それがHTTP/2（右図）では「フレーム」と呼ばれる単位に分割され、バイナリ形式で送信されます。

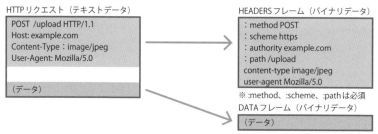

● ヘッダー圧縮

ヘッダー情報には重複したデータが多いため、差分のみ転送するといった圧縮方式（HPACK）を利用することでデータ転送量を削減できます。

1回目のHTTPリクエスト
```
: method GET
: scheme https
: authority example.com
: path /index.html
content-type text/html
user-agent Mozilla/5.0
```

2回目のHTTPリクエスト
```
: method GET
: scheme https
: authority example.com
: path /image01.jpg
content-type image/jpeg
user-agent Mozilla/5.0
```
内容が変わっている部分のみ転送する

● サーバープッシュ

通常はWebブラウザからのHTTPリクエストに応じて、Webサーバーが必要なコンテンツを転送します。HTTP/2ではHTTPリクエスト内容をもとにWebサーバー側で必要なファイルを判別して、WebブラウザからのHTTPリクエストなしに、事前にWebサーバーから転送します。

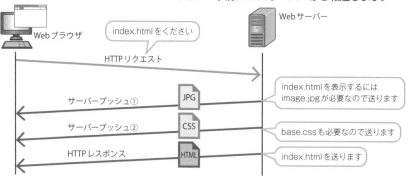

10 HTTP/3の特徴

　従来のHTTP/1.1と比較してHTTP/2は通信速度の向上が期待でき、どんどん利用が広がっていますが、HTTPのより快適な利用とHTTP/2が抱える問題を解消するためにHTTP/3が登場しました。HTTP/3はすでに主要なWebブラウザでは対応されており、HTTP/3に対応したWebサービスも増えてきています。

HTTP/3 の特徴

　HTTP/3の最大の特徴はQUIC（クイック）プロトコルを採用している点です。QUICはUDPをベースとした革新的なプロトコルで、もともとはグーグルが開発した独自プロトコルです。QUICはより高速で効率的な通信を実現するだけでなく、スマートフォンなどのモバイルデバイスによるインターネット利用を考慮した機能が備わっています。

より高速で効率的なデータのやりとり

　従来のHTTPではTCPが利用されているため、3-06節「TCPによるデータ通信」でも触れたとおり、送信されるデータの順序が入れ替わったり、データの欠落が発生した場合には、問題が解消されるまで次の処理を進めることができませんでした。
　HTTP/3では送信されるデータの欠落や順序の入れ替わりが発生してもデータを処理することができるため、より高速で効率的なデータのやりとりが可能となります。

コネクションマイグレーションによる通信の安定化

　従来のHTTPではネットワークが切り替わった際には再接続を行う必要がありましたが、HTTP/3ではコネクションマイグレーション機能によりネットワークが切り替わっても接続を継続することができます。この機能はスマートフォンなどのモバイルデバイスにおいてメリットがあります。モバイルデバイスではWi-Fi回線からモバイル回線など頻繁にネットワークが切り替わることがあるため、従来であれば通信が不安定になりがちですが、コネクションマイグレーション機能によって安定した通信を期待できます。

プラス1　当初QUICはQuick UDP Internet Connectionsの略語とされてきましたが、現在は略語ではなく名称となっているようです。

● HTTP/3はUDPベースのQUICを採用

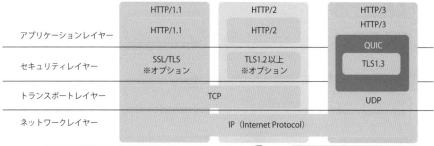

	HTTP/1.1	HTTP/2	HTTP/3
アプリケーションレイヤー	HTTP/1.1	HTTP/2	HTTP/3
			HTTP/3
セキュリティレイヤー	SSL/TLS ※オプション	TLS1.2以上 ※オプション	QUIC / TLS1.3
トランスポートレイヤー	TCP		UDP
ネットワークレイヤー	IP（Internet Protocol）		

従来はSSL/TLSは必須ではありませんでしたが、HTTP/3ではTLS1.3による暗号化通信が必須です。

HTTP/3ではUDPを使用しますが、パケットの再送など信頼性がある通信をQUICが担ってくれます。

● HTTP/2とHTTP/3でのデータのやりとりの違い

HTTP/3においてもHTTP/2と同様にHTTPメッセージはストリームで管理され、フレームに分割されたうえでやりとりが行われますが、データが欠落・入替が発生した場合の挙動が異なります。

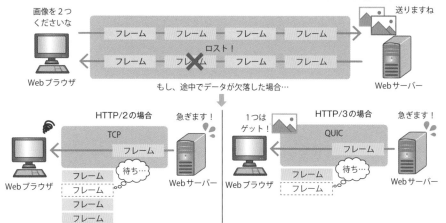

画像を2つくださいな

フレーム — フレーム — フレーム — フレーム

送りますね

ロスト！

フレーム — フレーム ✕ — フレーム — フレーム

Webブラウザ

もし、途中でデータが欠落した場合…

Webサーバー

HTTP/2の場合

急ぎます！

TCP
フレーム

フレーム
フレーム
フレーム
フレーム

待ち…

Webブラウザ / Webサーバー

欠落したデータとは別のストリームでやりとりしているデータをすべて受信できていたとしても、再送が完了するまで待ち状態

HTTP/3の場合

1つはゲット！

急ぎます！

QUIC
フレーム

フレーム
フレーム

待ち…

Webブラウザ / Webサーバー

ストリームごとに処理が可能。ほかのストリームの影響を受けない

HTTP/1.1ではHTTPレベルでのHOLブロッキング問題がありましたが、HTTP/2ではTCPレベルでのHOLブロッキング問題があります。

凡例

　画像1用のフレーム
　画像2用のフレーム

関連用語　HTTP/1.1 ▶ P.62　HTTP/2 ▶ P.64　TCP ▶ P.60　UDP ▶ P.38

11 HTTPSの仕組み

インターネットの普及に伴い、Web サイトを通じてショッピングやバンキング、チケット予約などのサービスが利用できるようになりました。この際にクレジットカード番号が盗聴されたり、注文内容が改ざんされたり、「なりすましサイト」によって個人情報が盗まれたりする危険性がある状況では、安心して利用することができません。こういった脅威から大切なデータを守る仕組みが **HTTPS** です。

HTTPS とは HTTP Secure または HTTP over SSL/TLS の略で、HTTP の通信において、暗号化方式である **SSL(Secure Sockets Layer)** や **TLS(Transport Layer Security)** を利用することで Web サイトを安全に使うことができます。

■ 安全性を確保する仕組み

HTTPS で利用される SSL/TLS では、以下の 3 つの仕組みにより Web サイトの安全性を確保します。

・盗聴防止（暗号化通信）

Web サイトを閲覧する際に、実際にはいくつものサーバーを経由するため、第三者が通信内容を傍受することは比較的簡単です。万が一傍受されても内容を解読させないためにデータを暗号化して送ることにより、第三者からの盗聴を防ぎます。

・改ざん防止

ネットバンキングにおいて振込先情報が書き換えられてしまうといったデータの改ざん対策として、「**メッセージダイジェスト**」が利用されます。メッセージダイジェストとは、あるデータから一意の短いデータ（ハッシュ値）を取り出す計算のことです。データの送受信時にハッシュ値を比較して改ざんを検知できます。

・なりすまし防止（Web サイト運営元の確認）

Web サーバーに配置された「**SSL サーバー証明書**」と呼ばれる電子証明書を接続時に検証することで、利用者は Web サイトを運営する会社の身元を確認することができます。SSL サーバー証明書は誰でも発行できますが、信頼された「**認証局**」以外の SSL サーバー証明書が利用されている場合は Web ブラウザ上に警告画面が表示されます。

プラス1　SSL はバージョン 3.0 以降より名称が TLS と変更されましたが、この時点で SSL という名称が広く定着していたために TLS のことも含めて SSL と呼ばれることが多くあります。

● HTTPSは安全性を高める

インターネット通信の主なリスクには「盗聴」「改ざん」「なりすまし」が挙げられますが、HTTPSではこれらのリスクを防ぐことができます。

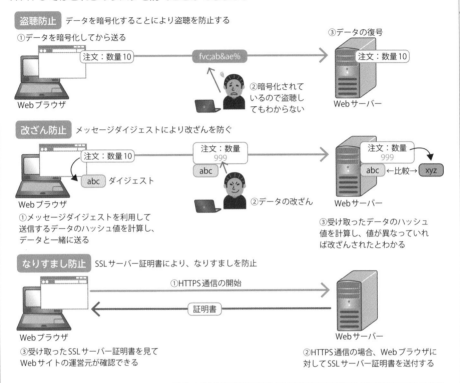

盗聴防止 データを暗号化することにより盗聴を防止する

①データを暗号化してから送る

注文：数量10 → fvc;ab&ae% → ③データの復号　注文：数量10

②暗号化されているので盗聴してもわからない

Webブラウザ　　Webサーバー

改ざん防止 メッセージダイジェストにより改ざんを防ぐ

注文：数量10　abc ダイジェスト

注文：数量999　abc

②データの改ざん

注文：数量999　abc ←比較→ xyz

Webブラウザ
①メッセージダイジェストを利用して送信するデータのハッシュ値を計算し、データと一緒に送る

Webサーバー
③受け取ったデータのハッシュ値を計算し、値が異なっていれば改ざんされたとわかる

なりすまし防止 SSLサーバー証明書により、なりすましを防止

①HTTPS通信の開始 →
← 証明書

Webブラウザ
③受け取ったSSLサーバー証明書を見てWebサイトの運営元が確認できる

Webサーバー
②HTTPS通信の場合、Webブラウザに対してSSLサーバー証明書を送付する

● 「HTTPSが使用されている＝信頼できる」ではない

フィッシングサイトであっても信頼された認証局が発行したSSLサーバー証明書が利用されている場合があります。HTTPSが利用されていることだけでなく、ドメイン名やSSLサーバー証明書に記載の情報から信頼できるWebサイトかどうかを判断しましょう。

最近のブラウザではプロトコルがhttpの場合は警告が表示されます。

関連用語　HTTP ▶ P.50　SSL/TLSハンドシェイク ▶ P.72　暗号化 ▶ P.158　公開鍵証明書 ▶ P.160
ハッシュ ▶ P.158

12 HTTPSのやりとり

■ SSL/TLS ハンドシェイク

HTTPS を利用することにより「盗聴」「改ざん」「なりすまし」といった Web サイトを閲覧するうえでの危険性を防止することができますが、Web ブラウザと Web サーバーにおいていきなり HTTPS の通信が始まるわけではありません。HTTPS での通信を開始するには、大きく分けて以下の 4 つのフェーズのやりとりを行う必要があります。

1. 暗号化方式の決定

暗号化方式は多数存在するため、Web ブラウザと Web サーバーの両方が利用可能な暗号化方式を決める必要があります。このフェーズでは暗号化方式の決定のほか、HTTPS で利用される SSL あるいは TLS のバージョンや、改ざん防止で利用されるメッセージダイジェストの方式も決定します。

2. 通信相手の証明

このフェーズでは Web ブラウザが通信している Web サーバーが正しい相手なのかどうかを SSL サーバー証明書により確認します。正しい Web サーバーであることを確認できなかった場合は、Web ブラウザ上に警告が表示されます。

3. 鍵の交換

このフェーズではデータ転送に利用する「鍵」を交換します。鍵はデータを転送する際の暗号化、および暗号化されたデータを復号する際に利用されます。

4. 暗号化方式の確認

最後のフェーズでは実際に利用する暗号化方式の最終確認作業を行います。このフェーズが完了すると Web ブラウザと Web サーバー間において暗号化通信が開始されます。

HTTPS におけるこれら 4 つのフェーズのやりとりは、SSL あるいは TLS によって実現されるため、「**SSL/TLS ハンドシェイク**」と呼ばれます。

プラス 1　SSL/TLS における暗号化などの処理を専門に行う機器やソフトウェアを SSL アクセラレーターといいます。Web サーバーが行うべき処理を肩代わりすることで負荷を軽減できます。

● SSL/TLSハンドシェイクの流れ

SSL/TLSハンドシェイクはTCPコネクションが確立された後に以下の流れによって行われます。

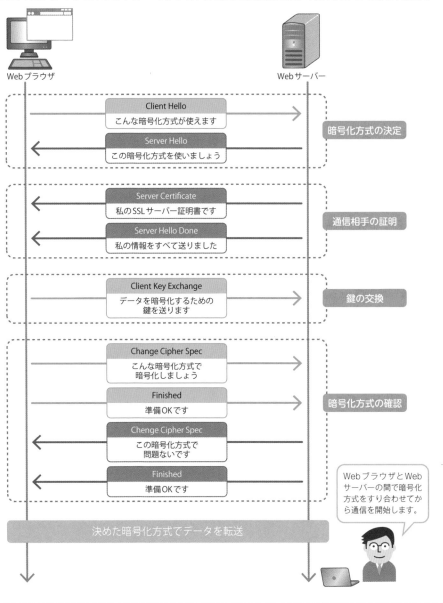

13 ステートフルとステートレス

　HTTP は非常にシンプルなプロトコルであり、特徴として**ステートレス**であるということが挙げられます。ステートレス（Stateless）とは「状態を保持しない」との意味で、HTTP ではリクエスト／レスポンスの 1 往復のやりとりが完結された処理とみなされ、複数の処理を関連付ける仕組みがありません。

　一方、ステートレスに対して「状態を保持」しておき、次の処理内容に反映させるような方式を**ステートフル**（Stateful）といいます。ステートフルなシステムの場合、1 対 1 のやりとりであれば状態を保持することが負担となることはありません。しかし、多数のクライアントに対して 1 台のサーバーで処理をする多対 1 のやりとりとなった場合は、多数のクライアントの状態を 1 台のサーバーが保持し、保持した情報をもとにクライアントごとの処理をする必要があるため、クライアントが多いと負担になってしまいます。そのため、多数のクライアントからの接続が発生するWeb システムで利用される HTTP では、多くの処理を素早く処理するためにも、状態を保持することなく要求された内容を応答するだけのステートレスな設計が適しています。

■ HTTP の弱点

　しかし、Web が進化するにつれて、HTTP がステートレスでは困ることが増えてきました。例えばショッピングサイトでの「商品を選ぶ」「商品を買い物かごに入れる」「買い物かごの中身を確認する」「商品を購入する」といった動作は、Web サーバーから見ると Web ブラウザからの異なる動作（HTTP リクエスト）になります。そのため、商品を買い物かごに入れる動作をしたとしても、「商品を買い物かごに入れた」という状態が Web サーバーには保持されないため、次の動作で買い物かごの中身を確認しても商品が入っていないことになります。

　実際のショッピングサイトでは、買い物かごに入れた商品を確認したり、商品を購入したりできます。これは、HTTP を補完する別の仕組みとして、以前の状態を踏まえたうえで次の動作を処理するといった、状態を保持し管理する仕組みが導入されているためです。

● ステートフルとステートレスの違い

直前にやりとりした相手などの状態を、以降のやりとりでも覚えていることをステートフルといい、毎回リセットするものをステートレスといいます。

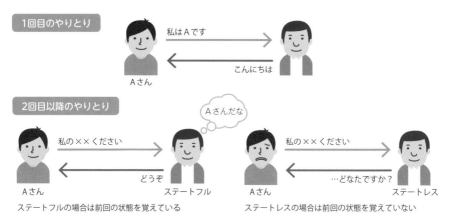

ステートフルの場合は前回の状態を覚えている　　　　ステートレスの場合は前回の状態を覚えていない

● ステートフルは負担が大きい

ステートフルのほうが便利そうですが、サーバーは一度に多くのクライアントとやりとりしなければいけないので、常にすべてのクライアントの状態を保持しようとすると非常に負担が大きくなってしまいます。

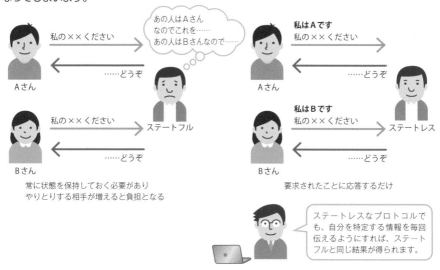

常に状態を保持しておく必要がありやりとりする相手が増えると負担となる　　　　要求されたことに応答するだけ

> ステートレスなプロトコルでも、自分を特定する情報を毎回伝えるようにすれば、ステートフルと同じ結果が得られます。

14 Cookie（クッキー）

HTTP はステートレスなプロトコルであるため、Web ブラウザと Web サーバーの一連のやりとりにおいて、状態を保持し管理する仕組みがありません。そのため、ショッピングサイトなどで状態を保持し管理する必要がある場合には Cookie（クッキー）と呼ばれるデータが用いられます。

Cookie のやりとり

Web サーバーへ接続してきた Web ブラウザに対して、コンテンツなどと一緒に Web ブラウザに保存してもらいたい情報を Cookie として送ります。例えばショッピングサイトであれば、接続してきた Web ブラウザを識別するための情報を Cookie として送ります。Cookie を受け取った Web ブラウザはそれを保存しておき、次に Web サーバーに接続する際に保存しておいた Cookie を送信することで、Web サーバーは接続してきた相手を識別することができます。

HTTP ヘッダーの利用

Cookie の送信には HTTP ヘッダーが利用されます。Web サーバーは HTTP レスポンスに「set-cookie」ヘッダーを含めることで Cookie を送信でき、Web ブラウザは HTTP リクエストに「cookie」ヘッダーを含めることで送信できます。「set-cookie」ヘッダーにはオプションで Cookie の有効期限を設定したり、また HTTPS のみを利用して Cookie を送信するよう設定したりできます。

セッション Cookie

有効期限が設定されていない Cookie は、Web ブラウザが閉じられると同時に削除されます。このような Cookie を「**セッション Cookie**」と呼びます。一方、**有効期限が設定された Cookie** は、Web ブラウザを閉じても削除されず、有効期限が来るまで Web ブラウザ上に残ります。Cookie は Web ブラウザの識別にも利用されるため、盗まれると他人になりすましされることがあります。そのため、セキュリティ上の観点からショッピングサイトなどではセッション Cookie がよく利用されます。

プラス1 Web ブラウザを閉じると次回利用時に再びログインを求められるような Web サイトではセッション Cookie が採用されています。

● WebブラウザとWebサーバーがCookieをやりとりする流れ

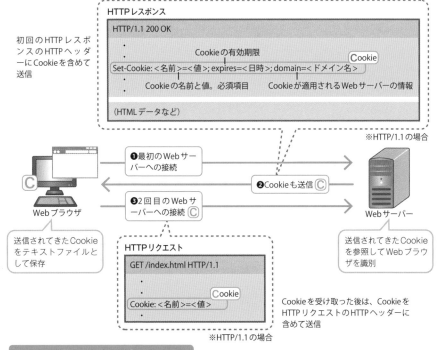

初回のHTTPレスポンスのHTTPヘッダーにCookieを含めて送信

HTTPレスポンス

HTTP/1.1 200 OK

Cookieの有効期限

Set-Cookie: ＜名前＞=＜値＞; expires=＜日時＞; domain=＜ドメイン名＞ `Cookie`

Cookieの名前と値。必須項目　　　Cookieが適用されるWebサーバーの情報

（HTMLデータなど）

※HTTP/1.1の場合

❶最初のWebサーバーへの接続

❷Cookieも送信 C

❸2回目のWebサーバーへの接続 C

Webブラウザ

Webサーバー

送信されてきたCookieをテキストファイルとして保存

送信されてきたCookieを参照してWebブラウザを識別

HTTPリクエスト

GET /index.html HTTP/1.1

`Cookie`

Cookie: ＜名前＞=＜値＞

Cookieを受け取った後は、CookieをHTTPリクエストのHTTPヘッダーに含めて送信

※HTTP/1.1の場合

Cookie で利用されるヘッダーフィールド

名前	内容	種別
set-cookie	状態を保持・管理するための情報（Cookie）	レスポンスヘッダーフィールド
cookie	Webサーバーから受け取ったCookieの値	リクエストヘッダーフィールド

set-cookie ヘッダーフィールドに記述する属性

属性	内容
＜名前＞=＜値＞	Cookieの名前とCookieの値（必須項目）
expires=＜日時＞	Cookieの有効期限を日時で指定。この属性がない場合はWebブラウザを閉じるとCookieは削除される
max-age=＜秒数＞	Cookieの有効期限を秒数で指定
secure	設定されている場合はHTTPSで通信している場合にのみCookieを送信する
httponly	設定されている場合はJavaScriptからCookieへの参照を禁止する
domain=＜ドメイン名＞	Cookieが利用されるドメイン名を指定
path=＜パス＞	Cookieが利用されるサーバー上のパスを指定

※各属性は「;」で区切ってset-cookieヘッダーに複数記述できる

関連用語　HTTP ヘッダー ▶ P.58　HTTP レスポンス ▶ P.52　ステートフル／ステートレス ▶ P.74　セッション ▶ P.78

3

HTTP でやりとりする仕組み

15 セッション

Web ブラウザと Web サーバーのやりとりにおいて、一連の関連性のある処理の流れを「**セッション**」と呼びます。例えばショッピングサイトで商品を買う場合の「商品を選ぶ」「商品を買い物かごに入れる」「買い物かごの中身を確認する」「商品を購入する」といった処理の流れがセッションになります。

セッションの管理

Web サーバーへのアクセスは 1 台の Web ブラウザだけではなく、多数の Web ブラウザから行われます。そのため、ある Web ブラウザからの処理を関連性のある一連の処理（＝セッション）として扱いたい場合は、Cookie を用いてセッションを管理できます。

セッション管理において Web ブラウザを識別するための情報を「**セッション ID**」と呼び、セッション ID は Web サーバーで生成され、Cookie に含めて Web ブラウザに送信されます。Web サーバーからセッション ID を受け取った Web ブラウザは、次回以降、Cookie にセッション ID を含めて処理を行うことで Web サーバーとのセッションを維持できます。また、セッション内でやりとりされた「何の商品を買物かごに入れたのか」などの処理は、セッション ID と紐付いて「セッションデータ」として Web サーバーに保存されます。Web ブラウザはセッション ID を用いて Web サーバーに保存されている自身のセッションデータを参照できます。

セッション ID のやりとり

セッション ID のやりとりには Cookie を用いる方法が一般的ですが、場合によっては Cookie が使えない Web ブラウザもあるため、URL にセッション ID を埋め込む手法や Web ページ内のフォームに埋め込む手法があります。しかし、Cookie を使う方法と比べて情報が漏えいする可能性が高いため、あまり利用されていません。

また、セッション ID は個人を識別するために使われる重要な値なので、なりすましを防ぐためにも推測されにくい値である必要があります。

プラス1 他人のセッション ID を盗聴などで盗み、そのセッション ID を使ってその人になりすまして操作を行うことを「セッションハイジャック」といいます。

イメージでつかもう！

● セッションIDを利用したセッション管理

セッションデータはセッションIDと紐付けてWebサーバー上で管理されています。Cookieなどを利用してセッションIDを送信し、Webサーバーが保存しているセッションデータを参照することができます。

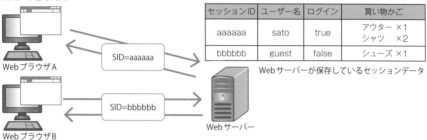

Webサーバーが保存しているセッションデータ

セッションID	ユーザー名	ログイン	買い物かご
aaaaaa	sato	true	アウター ×1 シャツ ×2
bbbbbb	guest	false	シューズ ×1

● セッションIDの渡し方

Cookieに含めて渡す HTTPヘッダーのCookieにセッションIDを含めてやりとりする最も一般的な方法

Set-Cookie:SID=aaaaaa
Cookie

Cookie
Cookie:SID=aaaaaa

リンクのURLに埋め込む URLにパラメータとしてセッションIDを含めてやりとりする

セッションIDをリンクのURLに埋め込んだWebページをWebブラウザへ送信

https://example.com/cart?SID=aaaaaa

リンク

https://example.com/cart?SID=aaaaaa

リンクがクリックされるとセッションID付きでWebサーバーへリクエストが送信される

フォームデータに埋め込む フォームの入力データとしてセッションIDを含めてやりとりする

<form・・・><input type="hidden" name="SID" value="aaaaaa">

Webページ内のフォームにセッションIDを埋め込む

sato

POST・・・・
name=sato
SID=aaaaaa

入力されたフォームデータと一緒にセッションIDも送信される

※input要素に type="hidden" を指定すると、フォームの隠しデータとして設定できる

3
HTTPでやりとりする仕組み

関連
用語
Cookie ▶ P.76　ステートフル／ステートレス ▶ P.74　セッションハイジャック ▶ P.144

16 URI

情報やデータといったリソースを識別するための記述方法を URI(Uniform Resource Identifier)と呼びます。URI は、コンピューターが扱うリソースに限らず、人や会社、書籍など、あらゆるリソースを示すことができます。

URI のうちリソースが存在する場所を示すものを URL(Uniform Resource Locator) といいます。URL にはリソースの場所を示す情報のほかに、リソースを取得する方法が記述されており、Web サイトの場所を示す際に利用されます。

URI のうち場所は問わずにリソースの名前を示すものを URN(Uniform Resource Name) といいます。刊行された書籍を一意に特定し識別するための ISBN コードなどを使って URN を記述できます。

■ リクエスト URI

HTTP においても、リソースを特定するために URI が利用されています。HTTP リクエストの場合、URI はリクエスト行のメソッドに続いて記述され、「**リクエスト URI**」とも呼ばれます。リクエスト URI には URI をすべて含める**絶対 URI 形式**と、URI の一部を含める**相対 URI 形式**があり、通常は記述を簡略化した相対 URI 形式で記述されます。

■ パーセントエンコーディング

URI で利用できる文字は定められており、「予約文字」と「非予約文字」が存在します。予約文字とは特定目的で用いるために予約されている文字で、その目的以外では URI に使用できません。非予約文字とは数字やアルファベットなど自由に URI に使用できる文字のことをいいます。

予約文字でも非予約文字でもない文字を URI で利用する場合は、「**パーセントエンコーディング**」と呼ばれる方法を用いてその文字を変換する必要があります。

パーセントエンコーディングでは「%」(パーセント)に続けて表記できない文字の文字コードを 16 進数で表し、「%xx」(xx は 16 進数)の形式に変換します。

● URI の例

URIはスキームと呼ばれる識別子で始まり、続いて「：」（コロン）で区切って各スキームごとに定められた表現形式で記述されます。

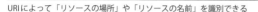

スキーム:	スキームごとの表現形式
http:	**//example.com/news/index.html** example.comにあるnewsフォルダ内のindex.htmlファイル
ftp:	**//example.com/docs/news01.doc** example.comにあるdocsフォルダ内のnews01.docファイル
urn:	**isbn:0-123-45678-9** isbnコード0-123-45678-9で示される書籍
urn:	**ietf:rfc2648** ietfによって管理されているRFC2648の文書

URIは「リソースの場所」を示すURLと「リソースの名前」を示すURNに分けることができます。

URIによって「リソースの場所」や「リソースの名前」を識別できる

● 絶対URIと相対URI

HTTPリクエストにおいて各メソッドで操作したいリソースを特定する際にURIが利用されます。

絶対URI での表記
GET https://example.com/news/index.html HTTP/1.1
Host:example.com

「https://」から始まるURIで、ホスト名およびパス名のすべてがリクエスト行に記述される。
HTTPリクエストがプロキシサーバーを経由する際は絶対URIが利用される。

相対URI での表記
GET /news/index.html HTTP/1.1
Host:example.com

「/」から始まるURIで、パス名のみリクエスト行に記述される。通常は相対URIを利用してHTTPリクエストが送信される。

● 英数字と一部の記号以外はパーセントエンコーディングする

URIの規定では予約文字（!、#、$ などの記号）、非予約文字（半角の英数字など）が決められており、URI では非予約文字しか使えません。また、日本語などのどちらにも含まれない文字は、%の後に文字コードを16進数で表した形に変換されます。これをパーセントエンコーディングといいます。

「いい天気」という文をパーセントエンコーディングすると……

文字コード	いい天気 ⇒ （パーセントエンコーディング後）
Shift-JIS	%82%a2%82%a2%93V%8bC
EUC-JP	%a4%a4%a4%a4%c5%b7%b5%a4
UTF-8	%e3%81%84%e3%81%84%e5%a4%a9%e6%b0%97

使用している文字コードによってパーセントエンコーディングでの変換結果が異なります。

関連用語　HTTP メソッド ▶ P.54　HTTP リクエスト ▶ P.52　URL ▶ P.42

Web 2.0 と Web 3.0

　「Web 3.0」という用語を聞いたことはありますか？　「Web 1.0」や「Web 2.0」とともに、時代ごとの Web の概念や技術を象徴する言葉です。

　Web 1.0 は、2004 年くらいまでの Web の初期段階です。その特徴としては、静的コンテンツが中心で、情報やコンテンツを見るだけの一方通行のものでした。掲示板のようにコメントを残すものも一部ありましたが、あくまでコンテンツの主体は提供者側でした。これに対して、Web 2.0 時代は、Web が単なる情報の集積地から、ユーザーが能動的に参加し、コンテンツを作成・共有するプラットフォームへと変化した時期でした。この時代のキーワードは「参加型コンテンツ」や「リッチインターネットアプリケーション（RIA）」などであり、Ajax(5-11 節) のような技術がブラウザでの動的な体験を提供し、Google Maps などに象徴されるリッチなユーザー体験が提供されるようになりました。また Web 2.0 への進化により、ブログや SNS が隆盛を極め、ユーザーは情報の受け手から送り手へと変化しました。この時代の大きな変化のひとつは、Permalink のような永続的な URL の技術・概念が普及し、情報共有が格段に容易になったことです。一方で Web 2.0 は、グーグルやアマゾンのようなプラットフォーム提供者の力が強くなった時代でもありました。

　Web 3.0 は、プラットフォーム提供者への過度な集中に対する解決策のひとつとして提唱されています。分散型テクノロジーにより、Web を少数のプラットフォーム提供者に委ねるのではなく、世界中のコンピュータリソースに分散することを目指しています。分散技術の例としては、ブロックチェーンがあり、中央集権型の管理を排除し、透明性とセキュリティを高めながら、デジタルアセット（資産価値のあるデジタルデータ）の交換を可能にしています。ブロックチェーンの実装例のひとつとして有名なのが、ビットコインです。

　Web 3.0 は、Web 2.0 のように目に見える変化はほとんどありませんが、Web の主体を変えようとしています。10 年後の Web の世界の主体が、どのようになっているのか非常に興味深いですね。

Webのさまざまな
データ形式

最初は文書しか扱うことのできな
かった Web ですが、今では画像や
音楽・映像など多様なデータを扱え
るようになりました。この章では、
Web で扱われるデータの形式につ
いて取り上げます。

01 HTML

HTML 文書の構造

　HTML 文書は、タグに囲まれた文章によって構成されています。**タグ**とは囲んだ文章が「何を示すか」を表すもので、始まりを示す「**開始タグ**」と終わりを示す「**終了タグ**」からなります。「開始タグ・文章・終了タグ」のかたまりを「**要素**」と呼び、そのかたまりが「何を示すか」は「**要素名**」と呼ばれます。タグは要素名を「< >」や「</ >」で囲んで、開始タグであれば < 要素名 >、終了タグであれば </ 要素名 > と記述します。つまり、1 つの要素は「< 要素名 > 文章 </ 要素名 >」という形で記述されます。

　また、要素は入れ子にすることができ、「< 要素名 > 要素 A 要素 B 要素 C</ 要素名 >」というように開始タグと終了タグの間にさらに別の要素を入れていくことが可能です。HTML 文書は、HTML 文書であることを示す **html** という要素名を持つタグの間に、いくつもの要素が入ることで構成されています。

　要素には必要に応じて、その要素の特性を示す「**属性**」を追加することもできます。その場合は、開始タグの要素名の後に空白を設け、「属性名＝属性値」と記載することで追加する属性を表します。例えば、リンクを示す「a」という要素にリンク先の URL「https://example.com/link.html」を追加する場合は、「<a href="https://example.com/link.html"> リンク </a>」という記述になります。この場合は「href」がリンク先を示す属性名です。

HTML の発展

　HTML は開発当初は文書とリンクを表すためのものでしたが、Web の普及や技術の発展につれてバージョンアップが行われ、次々に機能が追加されています。

　2021 年 1 月 29 日には、W3C は HTML の策定から手を引き、WHATWG によって日々改版がすすめられる HTML Living Standard を HTML の標準規格とすることが W3C によって勧告されました（1-09 節も参照）。

　このように、HTML は利用状況の変化に対応して今も発展を続けています。

プラス 1　近年のバージョンアップでは、モバイル機器やマルチメディア、Web アプリケーションを意識した機能追加が主なものとなっています。

● HTML文書の基本構造

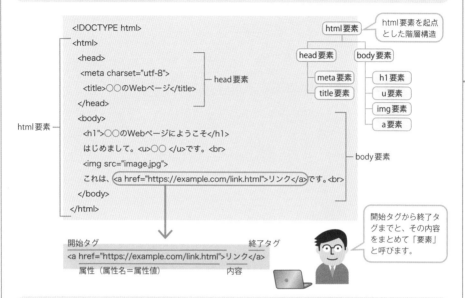

開始タグから終了タグまでと、その内容をまとめて「要素」と呼びます。

● HTMLのバージョンと特徴

バージョン	機能
HTML 1.0	HTMLの原型(基本的な文書構造とリンク)
HTML 2.0	入力フォーム
HTML 3.2	表組み、色付け
HTML 4.01	装飾、書式などの視覚表現をHTMLから切り離し、言語仕様を強化
HTML5	Webアプリの機能向上を視野に入れた大幅な拡張。動画、音源の埋め込みなどの機能を追加
HTML 5.1	モバイル向けの画像解像度対応など

HTML Living Standardへの統合後はバージョンという概念がなくなり、日々改版がすすめられています。

DOCTYPE 宣言

HTMLの先頭に書く DOCTYPE宣言は、このHTML文書がどのバージョンのHTMLを使用しているかといった情報を伝えるもので、HTML5以降は単にhtmlと書くだけのシンプルなものになりました。

HTMLのバージョン	DOCTYPEの形式
HTML5以降	<!DOCTYPE html>
HTML 4.01 Strict	<!DOCTYPE HTML PUBLIC "-//W3C//DTD HTML 4.01//EN" "http://www.w3.org/TR/html4/strict.dtd">
HTML 4.01 Transitional	<!DOCTYPE HTML PUBLIC "-//W3C//DTD HTML 4.01 Transitional//EN" "http://www.w3.org/TR/html4/loose.dtd">
HTML 4.01 Frameset	<!DOCTYPE HTML PUBLIC "-//W3C//DTD HTML 4.01 Frameset//EN" "http://www.w3.org/TR/html4/frameset.dtd">

関連用語　CSS ▶ P.90　DOM ▶ P.94　XHTML ▶ P.88　XML ▶ P.88

4 Webのさまざまなデータ形式

02 Webページで使用される画像形式

█ JPEG（Joint Photographic Experts Group）

　ファイルの拡張子が jpg や jpeg となっている場合は、そのデータは **JPEG 形式**（ジェイペグ）です。この形式では 1677 万色の色を扱うことができるため、写真の画像形式としてよく使われます。実際、多くのデジカメでこの画像形式が採用されています。

　人間の目が感じにくいデータを削ることでデータサイズを小さくする（圧縮する）形式なので、データを削れば削るほど画質が荒くなってしまうのが特徴です。

█ GIF（Graphics Interchange Format）

　ファイルの拡張子が gif となっている場合は、そのデータは **GIF 形式**（ジフ）です。256 色までしか扱えない画像形式ですが、データを削らず、データの整理によってデータを圧縮するため、データの圧縮による画像の劣化は発生しません。

　特定の色を透過色（透明）として扱ったり、複数の GIF 画像をパラパラ漫画のように表示することでアニメーションにしたりできるのが大きな特徴です。

█ PNG（Portable Network Graphics）

　ファイルの拡張子が png となっている場合は、そのデータは **PNG 形式**（ピング）です。JPEG と同様に 1677 万色の色が扱え、GIF と同様に画質の劣化は起きません。しかも、同じ内容でも GIF よりデータサイズが小さくなります。また、透明度（半透明）が扱えるため、JPEG より豊かな表現が可能です。

█ WebP

　ファイルの拡張子が webp となっている場合は、そのデータは **WebP 形式**（ウェッピー）です。グーグルが Web サイト向けに開発している形式で、JPEG や PNG より小さいサイズで高画質な画像を表現できます。アニメーションや透過色が表現できたり、非可逆圧縮と可逆圧縮の両方が利用できるという特徴があります。非可逆圧縮を利用するとデータサイズをより小さくすることができます。

> プラス1 上で紹介したもの以外にも、BMP、TIFF、SVG、WMF、EMF などといったさまざまな画像形式を扱うことが可能です。

● 画像はimg要素で表示する

`<img src="image.jpg">`

src属性にファイル名を指定

Webブラウザ

Webで使われる主な画像形式

画像形式	画質	圧縮形式	透過処理	アニメーション
JPEG	最大1677万色	非可逆圧縮	できない	できない
GIF	最大256色	可逆圧縮（最大色数が少ないためほかの形式より表現力が落ちる）	特定の色を透過色に指定できる	できる
PNG	最大1677万色	可逆圧縮	特定の領域の透明度を調整できる	できる
WebP	最大1677万色	非可逆圧縮、可逆圧縮	特定の領域の透明度を調整できる	できる

Webで扱う画像データは、ネットワーク転送量を減らすため、基本的にデータサイズが小さくなる形式が使われます。

● JPEGのデータ圧縮は非可逆圧縮

元画像

人間の目に気づかれにくいデータを削って圧縮率を高める

一部のデータが失われるので、元の画像には戻せない

圧縮率高め（低画質）で作成したJPEG画像

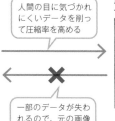

元のデータに戻すことができない圧縮形式は「非可逆圧縮」と呼ばれます。一般的に写真に向いており、可逆圧縮よりファイルサイズを小さくできます。

● GIF、PNGのデータ圧縮は可逆圧縮

元画像

GIF、PNG画像

データは失われないので、いつでも元の画像に戻せる

Webブラウザ

GIF、PNGは画像の一部を透過できる

03 XML

XＭＬ(Extensible Markup Language) は HTML と同じマークアップ言語です
が、Web に特化した機能を持つ HTML に対し、さまざまな用途に汎用的に利用でき
きる作りになっています。

■ HTML とは親戚関係

XML も HTML も元は SGML(Standard Generalized Markup Language) と
いうマークアップ言語を改良して生まれた言語です。HTML が Web 文書（ハイパー
テキスト）を記述することに特化して仕様が定められていったのに対し、XML は個
別の目的に応じて汎用的に使えるように作られています。目的に応じてタグを自分た
ちで定義することができるようになっており、自由な形式で柔軟に構造化された文書
を作ることができます。

Web の世界では Web ブラウザと Web サーバー間でデータをやりとりする際に、
データを構造化することで扱いやすくするために用いられています。

■ XHTML

ＸＨＴＭＬ(Extensible HyperText Markup Language) は、HTML を XML の
文法で再定義したものです。

XML の文法に従っているため HTML より書式が厳密となっており、タグの省略や
タグ名の大文字の混在が許されなくなるなどの違いがあります。

また、XHTML は XML の一種であるため、別の XML で定義された文書を XHTML
文書内に埋め込むことが可能です。XHTML に埋め込まれて利用される XML 文書の
例としては、MathML(XML で記述された数式) や SVG(XML で記述された画像)
があります。

2009 年に W3C から XHTML の策定の中止が表明されましたが、機能は HTML
に引き継がれています。

プラス1 XML、XHTML の X は「Extensible」（拡張可能な、という意味）の発音を表しています。

● HTMLもXMLも同じ言語から派生した

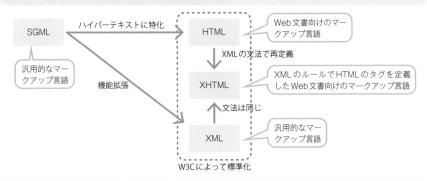

● XMLはカスタマイズ可能な汎用マークアップ言語

```
<書籍 名前="Web技術の基本" 発行年="2017年">
    <著者>小林恭平</著者>
    <著者>坂本陽</著者>
    <目次>
        <章 章番号="1">
            <項目>Webとは</項目>
            <項目>インターネットとWeb</項目>
                ・
                ・
                ・
        </章>
        <章 章番号="2">
                ・
                ・
                ・
        </章>
    </目次>
</書籍>
```

タグは自分で好きな
ように定義できる

HTMLと同様に開始タグと
終了タグで文章を挟む

自由な形式で構造化さ
れたデータを表現する
ことができる

● XHTML

```
<?xml version="1.0" encoding="UTF-8"?>
<html xmlns="http://www.w3.org/1999/xhtml" xml:lang="jp" lang="jp">
    <head>
        <title>○○のWebページ</title>
    </head>
    <body>
        <h1>○○のWebページにようこそ</h1>
        はじめまして。<u>○○</u>です。<br></br>
        <img src="image.jpg" />
        これは、<a href="https://example.com/link.html">リンク</a>です。<br />
    </body>
</html>
```

XML宣言から始まる

必ず開始タグと終了
タグで文章を挟む

開始タグのみという形式は
許されないため、終了タグ
を付けるか、末尾に"/>"
を付けて終了を表す

04 CSS

CSS（Cascading Style Sheets）は HTML や XML の表示方法（体裁）を表現する記述で、「**スタイルシート**」とも呼ばれています。HTML ではバージョン 4.0 から CSS を用いて文書の構造の記述と体裁の記述を分離させることが推奨されています。

HTML の体裁を記述

CSS がなかったころは、HTML 内で特定の箇所の文字の大きさや色などを変更したいときは font タグなどを使って表示方法を指定していました。しかし、「見出し部分はすべてこの色にする」というような表示ルールの指定はできず、都度指定が必要だったため、凝った表示にしようとすると文書の構造の記述と体裁の記述が入り交じった HTML となり、記述が複雑になりがちでした。

CSS が登場すると「見出しタグの部分だけ青色にする」などの表示ルールを指定したり、体裁の記述を外部に切り出して HTML を文書構造の記述のみのシンプルな内容にできるようになりました。

Web サイト内での共用

CSS は必ずしも HTML と別ファイルにする必要はなく、HTML 内に直接書き込むことも可能です。しかし、CSS と HTML を別ファイルにしておくことで、複数の HTML で同じ CSS を共有することが可能です。

Web サイト内の Web ページが同じ CSS を共有するようにしておけば、体裁を統一でき、統一感のある Web サイトを構築できます。

クライアントごとに表示を変える

CSS を使って文書の構造の記述と体裁の記述を分離しておくと、CSS を変更するだけで文書の構造はそのままに体裁だけを変更することができます。

パソコンやスマートフォンなどのクライアントの種類ごとに CSS を準備しておけば、利用する CSS を切り替えることで、クライアントに合わせた Web ページの表示を行うことができます。

プラス 1　自作の CSS を登録しておき、読み込んだ Web ページにその CSS を適用することで自分好みのデザインにする「ユーザースタイルシート」という機能を持つブラウザもあります。

● 文書の構造と体裁の記述を分離できる

文書構造と表示方法（体裁）を両方書いた HTML

```
<!DOCTYPE html>
<html>
  <head>
    <title>○○のWebページ</title>
  </head>
  <body>
    <h1><font size="20px" color="blue">見出しは20pxで青色</font></h1>
    ここから本文。<font size="10px" color="red">ここは10pxで赤色。</font><br>
    2行目。<font size="10px" color="red">ここも10pxで赤色。</font><br>
  </body>
</html>
```

凝った体裁にしようとするとHTMLが複雑化

HTML

文書構造の記述

```
<!DOCTYPE html>
<html>
  <head>
    <link rel="stylesheet" href="style.css">
    <title>○○のWebページ</title>
  </head>
  <body>
    <h1>見出しは20pxで青色</h1>
    ここから本文。<div class="red10">ここは10pxで赤色。</div><br>
    2行目。<div class="red10"> ここも10pxで赤色。</div><br>
  </body>
</html>
```

CSS

表示方法（体裁）の記述

```
h1{
font-size:
20px,
color: blue;
}

.red10{
font-size:
10px,
color: red;
}
```

＋

CSS を使うと、構造と体裁の記述を分離でき、シンプルな構造になります。

● サイト内でCSSを共有することでWebサイト内の表示を統一できる

Webサイト

Webサイト内
共通のCSS

トップページの
HTML

会社案内の
HTML

実績紹介の
HTML

Web サイト内の体裁を変更したい場合はこのファイルのみを変更すればよい

同じCSSを利用することでWebサイト内のWebページの体裁が統一される

● 複数のCSSを利用することもできる

Webサイト

パソコン向けの
CSS

スマートフォン
向けのCSS

トップページの
HTML

会社案内の
HTML

実績紹介の
HTML

閲覧環境に合わせて使うCSSを切り替え、最適な体裁で表示できる

このようにクライアントによって表示を変えるようなデザインはレスポンシブWebデザインと呼ばれます。

関連用語　HTML ▶ P.84　HTTP/2 ▶ P.64

05　スクリプト言語

　動的処理には**スクリプト言語**が使われます。**サーバーサイド・スクリプト**は CGI から呼び出すため HTML と分離した別ファイルにします。**クライアントサイド・スクリプト**は HTML と分離して別ファイルにしてもよいですし、HTML 内に直接スクリプト言語の記述を書き込んで使うこともできます。一般的には CSS と同様、Web サイト内で共用することが多いため、HTML と分離させていることが多いです。

ECMAScript

　JavaScript（ジャバスクリプト）は Firefox の開発で有名な Mozilla Foundation とマイクロソフトそれぞれで実装を進めていたため、ECMA（エクマ）インターナショナルが JavaScript を標準化して **ECMAScript**（エクマスクリプト）を定めました。現在では一般的に JavaScript というと ECMAScript のことを指し、多くの Web ブラウザはこの ECMAScript に対応しています。さらにマイクロソフトが ECMAScript を機能拡張して定義した **TypeScript**（タイプスクリプト）も広く使われています。

　多くの Web ブラウザが対応していることから、もともとはクライアントサイド・スクリプトの記述に使われることが多かったのですが、最近ではサーバーサイド・スクリプトで利用されることも増えてきています。

Perl、Python、PHP、Ruby

　サーバーサイド・スクリプトの開発には **Perl**（パール）、**Python**（パイソン）、**PHP**（ピーエイチピー）、**Ruby**（ルビー）という言語がよく使われています。

　Perl は文法の自由度が高いため、多くの人が扱いやすいという特徴があります。

　Python は読みやすく簡潔なプログラムを書くことを目的に作られた言語です。

　PHP は Web で利用することを想定されて作られた言語です。CGI から呼び出すのではなく、HTML に埋め込んでもサーバーサイド・スクリプトとして使うことができるという大きな特徴を持っています。

　Ruby はオブジェクト指向プログラミングに向いた言語仕様となっています。

　開発の際には、これらの特徴を踏まえ、最適な言語を選定する必要があります。

プラス1　Ruby は日本生まれのプログラミング言語です。

● クライアントサイド・スクリプトはJavaScript

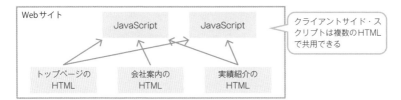

Webサイト

JavaScript　　　JavaScript

トップページの　　会社案内の　　　実績紹介の
HTML　　　　　　HTML　　　　　　HTML

> クライアントサイド・スクリプトは複数のHTMLで共用できる

● ECMAScriptは標準化されたJavaScript

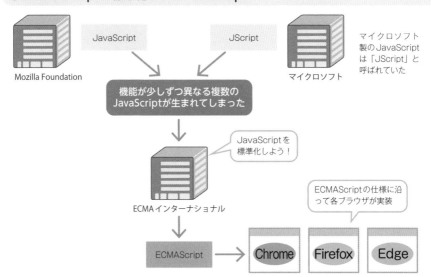

Mozilla Foundation

JavaScript　　　　　　　　JScript

マイクロソフト

> マイクロソフト製のJavaScriptは「JScript」と呼ばれていた

機能が少しずつ異なる複数の
JavaScriptが生まれてしまった

> JavaScriptを標準化しよう！

ECMAインターナショナル

> ECMAScriptの仕様に沿って各ブラウザが実装

ECMAScript → Chrome　Firefox　Edge

● サーバーサイド・スクリプトは複数の選択肢がある

サーバーサイド・スクリプト向けの言語は複数あり、それぞれの特徴を踏まえて使用する言語を決めます。

言語	特徴
Perl	・文法の自由度が高い ・歴史が古く、広く使われている
PHP	・CGIを使わなくてもHTMLに埋め込んで使うことができる
Python	・スクリプトの可読性が高い ・文法の自由度は低い
Ruby	・オブジェクト指向プログラミングに適している ・Perlに近い性質を持つ

> 「この言語でないと実現できない」という機能の違いはほぼないので、開発者の経験やノウハウに基づいて決められることが多いです。

関連
用語　CGI ▶ P.124　Webアプリケーション ▶ P.108　動的ページ ▶ P.26　利用言語の検討 ▶ P.172

06 DOM

　DOM（Document Object Model）とは、HTML や XML 文書を扱うための手法（API）です。DOM を使うことで、プログラムから HTML や XML の各要素を容易に参照・制御できます。

　現在ではほとんどの Web ブラウザが DOM を実装しており、Web ページ上に仕込まれたクライアントサイド・スクリプトや Web ブラウザに実装された機能などから Web ページ上の内容を読み取ったり、編集することが容易になっています。

　また、Web ブラウザに限らず、DOM が実装されている環境であれば同じように HTML や XML を扱うことができるので、Web ブラウザと Web サーバー間での XML 文書でのデータのやりとりを容易にするためにも活用されています。

　DOM は W3C によって標準化され、Level 1 から Level 4 までの 4 段階で勧告されていました。現在は HTML と同様に WHATWG が Living Standard として定義しています。もともとは基本的な仕様の Level 1 をもとに、Level 2 や 3 で XHTML への対応などの拡張機能が定義されていました。Level 4 は現在の Living Standard のベースとなっています。

- Level1…XML1.0 と HTML4.0x への対応
- Level2…XML1.0 の拡張と XHTML1.0、スタイルシートのサポートなどの追加
- Level3…XML1.0 の拡張と DOM ツリーの読み書き機能などの追加

▉ 対象となる文書を階層構造として扱う

　DOM では**対象となる文書の各要素を抽出し、それらを階層構造として扱います**。この階層構造は文書の最上位の要素を頂点（根）として、それぞれの下位の要素が木の枝のように分かれていく木構造（ツリー構造）となっています。DOM におけるこの木構造は **DOM ツリー**とも呼ばれます。

　木構造の枝葉の部分は「**ノード**」と呼ばれ、DOM ではこのノードをたどっていくことで目的のデータにアクセスし、参照や編集を行います。

　しかし、対象の文書の量が多いほどそのぶん DOM ツリーも大きなものとなるため、量の多い文書を扱うときは処理に時間がかかってしまうという難点もあります。

● DOMとは

プログラムからHTMLやXMLの内容にアクセスするときはDOMを利用します。

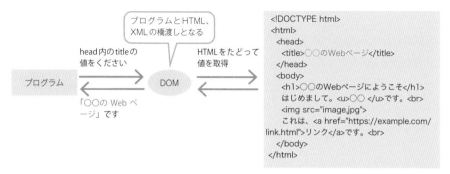

● DOMツリー

HTML／XMLの要素の関係を木構造で表したものをDOMツリーと呼びます。

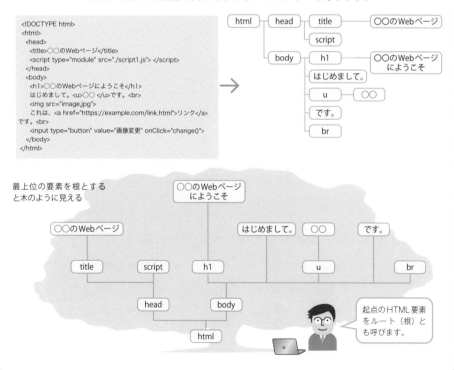

07 JSON

JSON(JavaScript Object Notation) は、構造化したデータを表すためのデータ記述言語の一種です。名前に「JavaScript」と付いてはいますが、書式がJavaScript(ECMAScript) に従ったものとなっているだけで、JavaScript 専用ということではありません。JavaScript 以外にも多くのプログラミング言語が JSONの読み書きに対応しています。

■ データ構造を表すのに使われる

JSON を利用することで、データを木構造で表現することができます。そういった意味では XML と似ていますが、テキストにタグを付けることでデータの構造を表現する XML と違い、JSON ではデータを階層的に並べることで構造を表現します。

こういった違いから、XML と JSON にはそれぞれ下記のような特徴があります。

・XML
  ・データとして文字列しか表すことができない
  ・すべての情報にタグを付ける必要があるため、データサイズが大きくなりがち
  ・テキストの任意の場所にタグ付けができる
・JSON
  ・データとして文字列以外に、数値や空を意味するデータなども扱うことができる
  ・データを括弧で囲んで構造を表すので、データファイルは小さめ
  ・タグによるマーク付けがないため、人間には読みにくいデータとなる

■ Web 上でのデータのやりとりによく使われる

JSON は JavaScript の書式に従っているため、JavaScript で書かれたプログラムでは JSON をそのまま JavaScript として読み込むことができ、XML のように DOMを利用する必要がありません。また、タグ名などでデータサイズが大きくなりがちなXML よりもデータが小さく、そのぶんネットワークの転送速度が速くなります。

そのため、JavaScript がよく利用される Web の世界では選択されやすいデータ形式となっています。

プラス1 「データが空っぽである」という意味のデータを、Null データといいます。

● XMLとJSONはどちらもデータの記録に使うフォーマット

XMLで記述した書誌データ

```
<書籍 名前="Web技術の基本" 発行年
="2017年">
    <著者>小林恭平</著者>
    <著者>坂本陽</著者>
    <目次>
        <章 章番号="1">
            <項目>Webとは</項目>
            <項目>インターネットとWeb</項目>
                ・
                ・
                ・
        </章>
        <章 章番号="2">
                ・
                ・
                ・
        </章>
    </目次>
</書籍>
```

 人間にはXMLのほう
が読みやすいですね。

JSONで記述した書誌データ

```
[
    "名前": "Web技術の基本",
    "発行年": "2017年",
    "著者": [
        "小林恭平",
        "坂本陽"
    ],
    "目次": {
        "章": [
            {
                "章番号": 1,
                "項目": [
                    "Webとは",
                    "インターネットとWeb",
                        ・
                        ・
                        ・
                ]
            },
            {
                "章番号": 2,
                "項目": [
                        ・
                        ・
                        ・
                ]
            }
        ]
    }
]
```

[{ , : などの記号で親子、
並列などの関係を表す

文字数が少なくなるので
データサイズは小さくな
るが、可読性が低くなる

● JSONはWebの世界では使いやすい

JSONは人間には読みにくいデータですが、XMLに比べてデータの転送が速く、DOMを使わず
にJavaScriptの生データとして扱えるので、Webの世界では広く使われています。

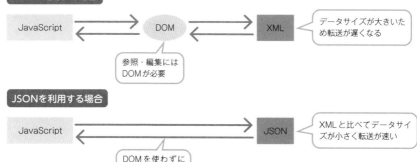

XMLを利用する場合

JavaScript ⇄ DOM ⇄ XML

データサイズが大きいた
め転送が遅くなる

参照・編集には
DOMが必要

JSONを利用する場合

JavaScript ⇄ JSON

XMLと比べてデータサイ
ズが小さく転送が速い

DOMを使わずに
参照・編集が可能

08 フィード

フィードとは、Web サイトなどの更新履歴を配信するためのファイルです。ブログやニュースサイトなど、頻繁に更新が発生する Web サイトで使われ、ユーザーはフィードをチェックすることで Web サイトにアクセスすることなく、最新の更新情報を確認することができます。フィードの中身は主にハイパーリンクの集まりで、Web ページの全体または一部が含まれています。

■ RSS、Atom

フィードでは古くからある形式ですが、現在は RDF という記述言語をベースとした **RSS 1.0** と、XML をベースとした **RSS 2.0** という 2 つの系列に分裂して開発が進められています。RSS 1.0 は構文が複雑な半面、表現力が豊富であるという特徴を持ち、RSS 2.0 は豊富な表現力を放棄し、シンプルな構文を実現するという特徴があります。

分裂して開発が進められる RSS の代わりになるものを作ろうという発想から、有志により XML をベースとした **Atom** という形式も構築されています。

■ フィードリーダー

Web 上のフィードを取得し、管理するためのソフトウェアを**フィードリーダー**、もしくはフィードアグリゲーターと呼びます。フィードの形式として RSS が先行してきたことから、RSS リーダーと呼ばれることも多いです。

複数の登録されたフィードを定期的にチェックし、更新情報をユーザーが閲覧できるように整形して表示する機能を備えています。

■ ポッドキャスト

ポッドキャストとは、Web サーバー上に音楽や動画を配置し、RSS を通して Web 上に公開することで音楽をインターネット上で配信する手法です。RSS を使うことでブログのように手軽に音楽や映像を公開することができます。

プラス 1 現在はキュレーションサイト（まとめサイト）や SNS といった、新着情報を収集する方法が充実しており、RSS の利用は減少しつつあります。

イメージでつかもう！

● フィードを利用して更新を配信する

フィードはWebサイトの更新情報をまとめたファイルで、更新頻度が高いブログやニュースサイトで使われています。Webサイトに訪問しなくても、フィードを取り込むだけでWebサイトのどこが更新されたかを知ることができます。

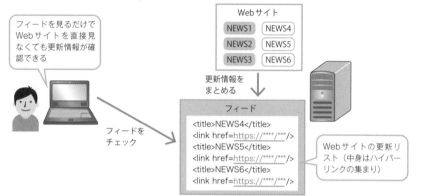

フィードを見るだけで
Webサイトを直接見
なくても更新情報が確
認できる

フィードを
チェック

Webサイト

NEWS1　NEWS4
NEWS2　NEWS5
NEWS3　NEWS6

更新情報を
まとめる

フィード

\<title>NEWS4\</title>
\<link href=https://****/***/>
\<title>NEWS5\</title>
\<link href=https://****/***/>
\<title>NEWS6\</title>
\<link href=https://****/***/>

Webサイトの更新リ
スト（中身はハイパー
リンクの集まり）

● フィードリーダー

フィードから新しい情報を効率よく取り込むために、登録したWebサイトのフィードを定期的に自動チェックして見やすく表示するフィードリーダーを利用します。

さまざまなサイトの新
着情報をまとめてチェ
ックできる

フィードリーダー
…… ……
…… ……
…… ……

定期的にアクセス

フィード

フィード

フィード

● ポッドキャストのフィード

音声・動画を配信するポッドキャストでも、新しい放送を通知するためにフィードを利用しています。

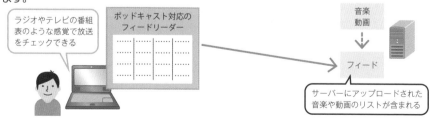

ラジオやテレビの番組
表のような感覚で放送
をチェックできる

ポッドキャスト対応の
フィードリーダー

音楽
動画

↓

フィード

サーバーにアップロードされた
音楽や動画のリストが含まれる

関連
用語　XML ▶ P.88

09　マイクロフォーマット

　マイクロフォーマットは、HTML で記述された Web ページの中に意味を表現する記述を埋め込むための書式です。例えば、Web ページ内に記載した連絡先に、「この文字列は電話番号を表しています。」や「この文字列は氏名を表しています。」といった情報を付け加えることができます。

Web ページに意味を埋め込む

　マイクロフォーマットを使うことで Web ページの記述に内容の「意味」を示す情報を埋め込むことができます。

　埋め込まれた情報は外部のコンピューターから読み込んで利用することができ、これを有効利用することでコンピューターが自律的に情報の意味を理解して処理するセマンティック Web を実現できます。

　また、ブラウザの拡張機能やアプリケーションなどでも、Web 上からマイクロフォーマットを取得し、情報管理やスケジュール管理などに利用できるものが増えてきています。

　マイクロフォーマットでは意味の記述に体裁の表現に影響を与えない属性である class 要素、rel 要素、rev 要素がよく用いられています。

いろいろなマイクロフォーマット

　マイクロフォーマットは microformats コミュニティという団体により、用途に応じてさまざまなものが定義され、仕様が公開されています。

　身近なところでは Google 検索のリッチスニペット（検索結果に商品レビューの件数や店の営業時間を表示する機能）に利用されています。

　ただし、こういった意味を表現する書式はマイクロフォーマット以外にもマイクロデータ、RDFa、Schema.org などいろいろな団体で開発されており、統一化されていないのが現状です。

● Webページに「意味」を埋め込む

Webページの表現に影響のないようにclass属性などを使って意味の情報を埋め込む

```
<ul class="vcard">
  <li class="org">佐藤病院</li>          組織
  <li class="fn">佐藤　一</li>            氏名
  <li class="tel"> 026-123-XXXX</li>     電話番号
  <li class="url">https://example.com/</li>
</ul>                                      URL
```

↓

埋め込まれた「意味」をセマンティックWebの世界で利用する

● マイクロフォーマットの例

hCard（連絡先情報）

```
<ul class="vcard">                                     連絡先情報であることを示す
  <li class="fn">佐藤　修</li>                          氏名
  <li class="nickname">おさむちゃん</li>                ニックネーム
  <li class="bday">1985/07/07</li>                    誕生日
  <li class="org">株式会社シュガー</li>                組織
  <li class="tel">090-123-XXXX</li>                    電話番号
  <li class="email">osamuchan@example.com</li>         メールアドレス
  <li class="url"> https://example.com/</li>           Webアドレス
</ul>
```

hCalender（イベント情報）

```
<p class="vevent">                                              イベント情報であることを表す
  <span class="summary">球技大会</span>                          イベント内容
  <span class="dtstart">2001-01-15T14:00:00</span>              開始日時
  <span class="dtend">2001-01-15T18:00:00</span>                終了日時
  <span class="location">多目的グラウンド</span>                場所
  <span class="url">https://example.com</span>                  Webアドレス
</p>
```

主なマイクロフォーマット

名前	用途
hAtom	標準のHTML内に埋め込むAtomフィード
hCalendar	イベント情報
hCard	連絡先情報
hReview	書評などのレビュー
hResume	履歴書

関連用語　HTML ▶ P.84　XHTML ▶ P.88　セマンティック Web ▶ P.30

10 音声・動画配信

■ エンコードとデコード

　インターネットでの転送時間短縮のため、音声・動画ファイルも画像ファイルと同様に、データを圧縮したうえで利用されます。データ圧縮には**コーデック**と呼ばれるソフトウェアが用いられ、圧縮することを**エンコード**、再生するために伸張することを**デコード**といいます。広く利用されているコーデックは、音声ファイルでは音楽のダウンロード配信で用いられる MP3 や FLAC、動画ファイルでは MPEG-4 やマイクロソフトの開発した WMV が挙げられます。

　エンコードおよびデコードの手法はコーデックの種類により異なりますが、画像のデータ圧縮と同様に JPEG のようなデータを削る手法や、GIF や PNG のようなデータを整理する手法が使われます。

■ ダウンロード配信

　音声・動画の配信方法は、大きく分けて 2 種類あります。1 つは「Web サーバーからファイルをダウンロードしてもらい、それを再生する」という**ダウンロード配信**です。この方法は仕組みが単純で、特別な準備がなくても簡単に実現できます。ユーザー側で一度ファイル全体をダウンロードしてから再生する方法と、ファイルをダウンロードしながら再生する方法（**プログレッシブダウンロード配信**）があります。ただし、どちらの方法も配信したファイルはユーザー側に残ってしまうため、著作権のあるデータの配信には向いていません。

■ ストリーミング配信

　ダウンロード配信の問題点を解消する方法が**ストリーミング配信**です。この方法では、ファイルを細かく分割し、細切れにしたデータをユーザーに配信して再生します。再生したデータは都度削除されてしまうので、著作権の問題は解決します。ただし、送信するデータを細切れにして転送するためのストリーミングサーバーを用意する必要があります。

● 主なコーデック

動画や音声の圧縮・伸張には、コーデックというソフトウェアが使われます。

音楽用コーデック	拡張子	説明・用途	動画用コーデック	拡張子	説明・用途
FLAC	.flac、.fla	ハイレゾ音源	MPEG-4	.m4v、.mp4など	スマホ向け動画
MP3	.mp3	音楽ダウンロード配信	Windows Media Video（WMV）	.wmv	パソコン向け動画
Windows Media Audio（WMA）	.wma	パソコン向け音源	MPEG-2	.mpg、.m2p	DVD、地デジ

● 動画・音声の配信形態

ダウンロード配信

ダウンロードが完了
してから再生

ファイルをそのまま転送

音声・動画
ファイル

音声・動画
ファイル

Webサーバー

ダウンロードが終わるまで再生できませんが、一度
ダウンロードしておけば、いつでも再生できます。

プログレッシブダウンロード配信

ダウンロード中に
再生開始できる

ファイルをそのまま転送

音声・動画
ファイル

音声・動画
ファイル

Webサーバー

ダウンロードの途中でも再生でき、
一度ダウンロードしておけば、い
つでも再生できます。

YouTubeやニコニコ動画などの動
画共有サービスではこの方式が多
く使われています（ストリーミン
グと似ているため擬似ストリーミ
ングとも呼ばれます）。

ストリーミング配信

受け取ったところから
再生し、再生済みの
データは破棄

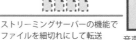

音声・動画ファイル

ストリーミングサーバーの機能で
ファイルを細切れにして転送

音声・動画
ファイル

Webサーバー

データが残らないので、再生する
たびにデータをダウンロードする
必要があります。

ニコニコ生放送やAbemaTVなど
ライブ配信を行うサービスでは
この方式が使われます。

関連
用語　画像形式 ▶ P.86

11 メディアタイプ

インターネットが普及した今では Web ページはパソコン以外にも携帯電話やスマートフォン、テレビ、さらには点字ディスプレイなどさまざまな機器から閲覧することができるようになっています。

これらの機器は画面の大きさや表示方法がそれぞれ異なるため、それぞれに異なったデザインが求められます。この閲覧に使う機器の種類を HTML や CSS 内で「**メディアタイプ**」として指定することができ、それによって機器ごとにデザインを変更した Web ページを表示できます。

■ メディアタイプの種類

指定できるメディアタイプは下記のものが用意されています。

- screen …… パソコンのスクリーン
- tty …… 文字幅が固定の機器
- tv …… テレビ
- projection …… プロジェクター
- handheld …… 携帯機器
- print …… プリンター
- braille …… 点字ディスプレイ
- embossed …… 点字プリンター
- aural、speech …… 音声合成機器
- all …… すべてのメディア

■ 機器ごとの表示の指定方法

HTML や CSS に「このメディアタイプにはこの表示スタイルを適用する」という情報をあらかじめ含めておくことで、さまざまな機器に合わせて Web ページのデザインを変更して表示できます。

● 多様化するWebページの閲覧環境

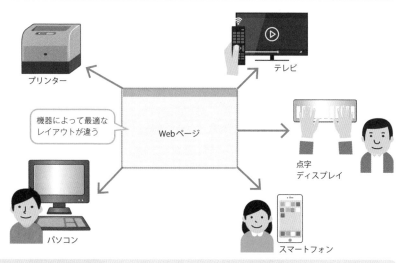

● メディアタイプの指定

メディアタイプを指定するには、HTMLではlink要素のmedia属性を、CSSでは@mediaルールを使用します。

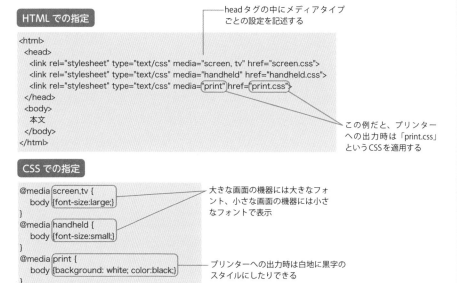

Web 検索エンジン

Web で情報を探すときに欠かせないのが Google や Yahoo!、Bing といった Web 検索エンジンです。

インターネットが一般に使われるようになった 1990 年ごろは検索エンジンが検索に使うための情報は人手で管理されていました。管理される情報はパソコンでいうディレクトリ（フォルダ）のように木構造となっていたため「Web ディレクトリ」と呼ばれ、この情報を使う検索エンジンを「ディレクトリ型検索エンジン」と呼びます。

インターネットが爆発的に普及した 2000 年ごろになると、人手で管理するディレクトリ型検索エンジンでは情報の更新が追いつかなくなりました。代わりにクローラやロボットと呼ばれるプログラムが自動的に Web 上の情報を収集し、解析した結果を検索に用いる「ロボット型検索エンジン」が主流となりました。クローラは Web ページのリンクを次々にたどることで別の Web ページを収集していき、収集した Web ページをデータベース化します。また、データベースに登録されていた Web ページが更新されたり削除されたりした場合はデータベースの更新や削除を行い、データベースを最新化します。このクローラの動作を「クローリング」と呼びます。クローリングによって収集された Web ページを検索に用いるためには、Web ページの中身を解析してどのような情報が含まれているのかを抽出し、分析可能な形のデータに変換することが必要です。この変換作業は「スクレイピング」と呼ばれ、HTML から要素を抽出するためには DOM や HTML のタグの内容を取り出す「HTML パーサー」というプログラムが用いられます。検索エンジンはこうして作られたデータと、ユーザーが送ってきた検索文字列をマッチングさせることで Web 検索を行うのです。

マッチング結果をどのように評価し、どういった基準で検索結果の順位付けを行うのかという部分が検索エンジンごとの特徴が最も出る部分であり、検索エンジンの質が問われるところとなります。

Webアプリケーション
の基本

Webを介して利用するWebアプリ
ケーションの登場によって、Webの
需要はさらに高まりました。この章で
は、そんなWebアプリケーションを
理解するうえでの基本を説明します。

01 Webアプリケーションの 3層構造

　ネットワークを介して Web ブラウザ上で動作するアプリケーションを **Web アプリケーション**と呼びます。

　Web アプリケーションは基本的に **3 層構造（3 層アーキテクチャ）**と呼ばれる階層的な構造になっています。この 3 階層とは、ユーザーインターフェースとなる「**プレゼンテーション層**」、業務処理を行う「**アプリケーション層**」、データ処理や保管を行う「**データ層**」です。

　プレゼンテーション層は Web ブラウザと Web サーバー、アプリケーション層はアプリケーションサーバー（AP サーバー）、データ層はデータベースサーバー（DBサーバー）がその役割を担います。ここでいうサーバーとは、サーバープログラムのことを指しています。クライアントサイド・スクリプトはプレゼンテーション層、サーバーサイド・スクリプトはアプリケーション層で動作します。

▊ 負荷分散

　層別に分割されていないアプリケーションであれば、必然的に単一のサーバー機器でリクエストの受け付け、業務処理、データ処理を実施することになります。一方、3 層アーキテクチャでは層別に動作させるサーバー機器を分けることが可能となります。もちろん単一のサーバー機器に 3 層すべての役割を実装することは可能であり、小規模なシステムではそのような構造になることもあります。

　しかし、複雑な処理を実装するとアプリケーション層やデータ層の負荷が高くなり、アクセス数が多くなるとプレゼンテーション層の負荷が高くなるため、システムの規模が大きくなると一般的に各層ごとにサーバー機器を分けた構成をとります。

▊ 改修範囲の限定

　アプリケーションの改修が必要となった場合、層別に分かれていることで改修範囲が小さくなるというメリットもあります。例えば、プレゼンテーション層の改修が発生しても、アプリケーション層やデータ層には影響を及ぼさないため、改修のコストを抑えることができます。

Webアプリケーションの3層アーキテクチャ

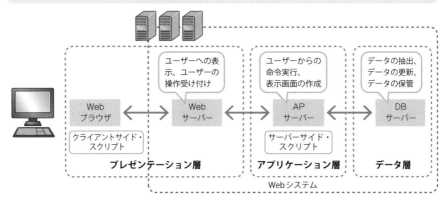

層構造なら負荷を分散しやすい

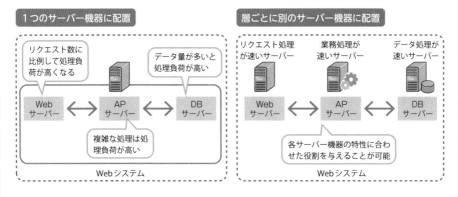

改修の影響範囲を限定できる

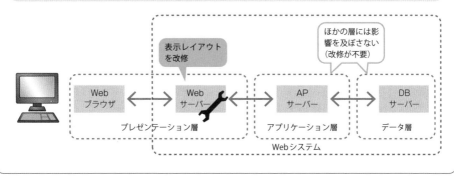

関連
用語

Web サーバー ▶ P.114　アプリケーションサーバー ▶ P.118　サーバー構成の検討 ▶ P.176
データベースサーバー ▶ P.120

02 MVCモデル

アプリケーションの構造の考え方には 3 層アーキテクチャのほかに「MVC モデル」というものがあります。MVC の M は「**Model**」でアプリケーションの扱うデータと業務処理を指します。V は「**View**」でユーザーへの出力処理を指します。C は「**Controller**」で必要な処理を Model や View に伝える役割を担います。この Model、View、Controller の各要素がアプリケーションの内部でそれぞれ独立し、お互いに連携してアプリケーションの処理を行う構造を MVC モデルといいます。

3 層アーキテクチャとの違い

アプリケーションが内部で 3 種類の役割に分かれていることから、3 層アーキテクチャと似ているように見えるため混同されることも多いですが、根本的に異なる概念です。

3 層アーキテクチャは階層構造であり、最上層のプレゼンテーション層と最下層のデータ層が直接やりとりをすることはありません。一方、MVC モデルでは各要素が相互にやりとりを行います。また、Web アプリケーションにおいては MVC モデルの表す範囲は 3 層アーキテクチャのアプリケーション層とデータ層であり、プレゼンテーション層は MVC モデルとユーザーの間の仲介を行う部分となります。

MVC モデルの利点

アプリケーションを MVC モデルの構造にする利点としては、開発や改修の分業が容易になることが挙げられます。各要素が分離されていることで 3 層アーキテクチャと同様に、仕様変更が別の要素へ影響を及ぼさないため、要素ごとに個別に開発を行うことが可能です。近年の Web アプリケーションは規模が大きく、少しずつ機能追加が行われるものが多くなっています。そのため、改修や機能追加が容易で、分業で開発を行いやすい MVC モデルが多く採用されています。

プラス1 MVC それぞれの役割が明確に分かれているため、表示を変更したいときは View、処理を変更したい場合は Model といった具合に改修範囲が特定しやすいというメリットもあります。

● MVCモデル

MVCモデルでは、データと業務処理に関する部分を「Model」、結果をユーザーに出力する部分を「View」、ユーザーの命令を受けて各部に指示を出す部分を「Controller」の3つに分けてアプリケーションを設計します。

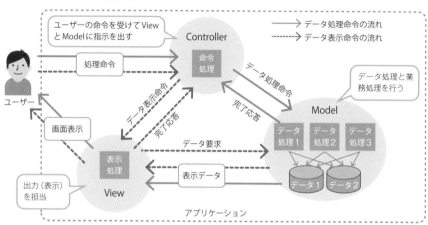

● 3層アーキテクチャとMVCモデルの関係

3層アーキテクチャはWebシステム全体の設計方針であり、MVCモデルはサーバーサイド・スクリプトの設計方針なので、対象とする範囲が異なります。

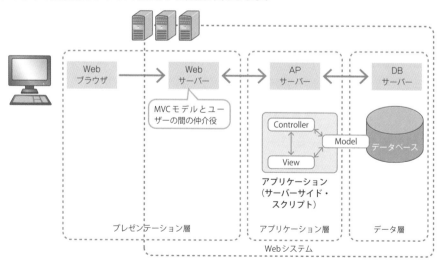

関連
用語　3層アーキテクチャ ▶ P.108

03 フレームワーク

　プログラミング言語を用いてサーバーサイド・スクリプトなどのプログラムを開発する際は、メインの処理となる部分のほかにユーザーから送られてくるデータの受け取り処理やデータベースとの通信処理などのすべての処理を実装する必要があり、その分の手間もかかってしまいます。しかし、実のところ Web システムにおけるプログラムの動作には共通した流れがあります。具体的には「クライアントからのデータを受け取り、データベースからデータを取得し、データを処理した後、データベースにデータを登録して結果を画面に表示する」といった流れです。

　そこで、一般的な処理の流れを「ひな形」として準備しておき、Web アプリケーションごとの独自の内容を開発者が埋めることでプログラムが開発できるようにしたものを**フレームワーク**といいます。

　ひな形は MVC モデルのような特定のパターンで作られており、フレームワークを用いた開発ではそのひな形に沿う形のプログラムを作ることしかできません。しかし、フレームワークを使うことでプログラム開発の手間を削減することができ、比較的容易にプログラムの開発ができるようになります。

　また、規模の大きなシステムとなると、構成するプログラム群を多人数で分担して開発することもよくあります。この場合、開発者の力量によって個々のプログラムの品質に差が出てしまうことがありますが、フレームワークを利用するとあらかじめ用意されたひな型に沿っての開発となるため、開発者の力量の差による品質のバラつきも出にくくなるというメリットがあります。

■ いろいろなフレームワーク

　フレームワークは開発対象となるプログラムの種類によっていろいろなものが開発されています。Web アプリケーションの開発のためのフレームワークとしては、Java をベースとした「**Spring Boot**」、JavaScript をベースとした「**React**」「**Vue.js**」、Ruby をベースとした「**Ruby on Rails**」などが有名です。

プラス1 　フレームワークを使うと最初から大まかな処理の流れが実装された状態で開発を始めることができるため、開発期間の短縮にもつながります。

● フレームワークによるWebアプリケーションの開発

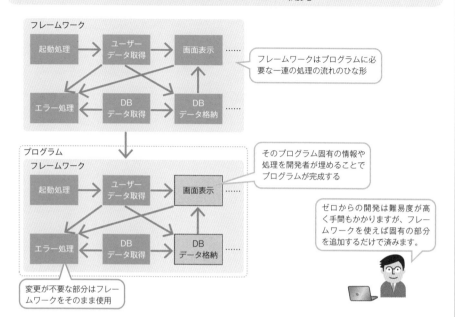

フレームワークはプログラムに必要な一連の処理の流れのひな形

そのプログラム固有の情報や処理を開発者が埋めることでプログラムが完成する

ゼロからの開発は難易度が高く手間もかかりますが、フレームワークを使えば固有の部分を追加するだけで済みます。

変更が不要な部分はフレームワークをそのまま使用

5
Webアプリケーションの基本

● 多人数でのシステム開発でもフレームワークが生きる

近年は多人数での開発が一般的となっているので、フレームワークは特に重宝されています。

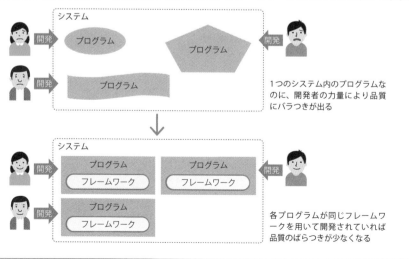

1つのシステム内のプログラムなのに、開発者の力量により品質にバラつきが出る

各プログラムが同じフレームワークを用いて開発されていれば品質のばらつきが少なくなる

関連用語　MVCモデル ▶ P.110　スクリプト言語 ▶ P.92

04　Webサーバー

Web サーバーは Web アプリケーションにおいて、Web クライアントに対する窓口の役割を果たすプログラムです。Web クライアントからのリクエストを受け取って静的コンテンツを配信したり、動的処理の必要なものがあればサーバーサイド・スクリプトと連携し、処理の結果として作成された HTML ファイルを Web ブラウザへ転送したりします。窓口の役割であるため、このサーバーが動作しなくなるとサービスが提供できないうえ、リクエストを送信してきた Web クライアントへ「サービスが現在停止しています」と通知することもできなくなります。そのため、Web サーバーの機器台数を多くし、1 台当たりの負担を少なくするとともに、1 台が故障しても別のサーバーだけでサービスを続けられるようにする「冗長化」という構成をとることが一般的です。

■ 求められるサーバー機器の性能

利用者が多い Web アプリケーションであるほどリクエストの量が増えるため、レスポンス処理の速さが要求されます。具体的には、静的ページのリクエストが多いWeb アプリケーションであれば、静的ページを読み込むためのストレージの読み取り速度が速く、ストレージの読み取りをサポートするメモリの容量が大きいことが求められます。また、動的ページのリクエストが多い場合は、アプリケーションサーバーへのデータ連携処理を速くするため、CPU の性能の高さが求められます。

■ 静的コンテンツの配置

Web サーバーは静的コンテンツを配信しますが、静的コンテンツは必ずしもWeb サーバーと同じサーバー機器上に置く必要があるわけではなく、別のサーバー機器であっても Web サーバーからアクセスできる場所にあれば問題ありません。しかし、別のサーバー機器上にある場合はネットワーク越しにコンテンツを取りに行くためレスポンスが遅くなってしまいます。同じサーバー機器上にあればそのような問題はありませんが、複数台の機器で Web サーバーが動作しているときは、機器間で同じコンテンツを持つようにコンテンツの同期を行う方法を考える必要があります。

プラス 1　仮想サーバーやクラウド、サーバーのリースなどを利用して、キャンペーン期間などのリクエスト数が増大する特定の期間のみ Web サーバーを増やすという方法もあります。

● Webサーバーの役割

Webサーバーの仕事は、静的ページのデータや、APサーバーから転送された動的ページのデータをWebクライアントに転送することです。

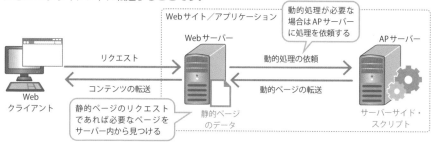

● 一般的に複数台のWebサーバーで構成される

クライアントからの大量のアクセスをさばくために、Webサーバーを複数台用意した冗長化構成をとることが一般的です。

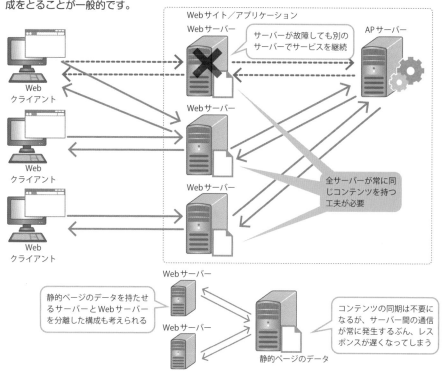

05 Webクライアント

Web サーバーとやりとりを行い、Web システムを利用するためのプログラムを**Web クライアント**と呼びます。基本的な機能は、Web サーバーへリクエストを送り、Web サーバーからのレスポンスを受け取ってそれを解釈することです。ユーザーがWeb アプリケーションを利用するための Web クライアントは、ユーザーの操作をWeb サーバーへのリクエストの形に変換したり、Web サーバーのレスポンスを人間がわかりやすい形に変えて表示するという、ユーザーと Web サーバーとの橋渡しを行う機能を持っています。

Web ブラウザ

Web アプリケーションを利用するための Web クライアントとして最も利用されているものは **Web ブラウザ**です。もともとはハイパーテキストの表示のためのプログラムでしたが、クライアントサイド・スクリプトの実行や Cookie の管理など多くの機能を持つようになったことで、現在では多くの Web アプリケーションが Webブラウザで実行できるようになっています。

クライアントプログラム

Web ブラウザは多くの Web アプリケーションに対する汎用的な Web クライアントですが、Web ブラウザでは利用できないものや、十分に機能を生かせないものについては専用のクライアントプログラムが用意されます。代表的なものとしてはスマートフォン向けの Facebook や Instagram のアプリ、巨大掲示板の 5 ちゃんねる専用ブラウザがあります。これらは Web ブラウザと異なり、対応する Web アプリケーションに特化した機能（表示の最適化、ログイン情報管理など）を持っています。フィードリーダー（4-08 節）もそのようなクライアントプログラムの 1 つです。

こういったプログラムは一般に専用クライアント、専用ブラウザと呼ばれます。また、パソコン用であればデスクトップアプリ、スマートフォン用であればスマホアプリと呼ばれることもあります。

● Webクライアント

Webクライアントは、Webサーバーから送られてきたHTTPレスポンスを解釈し、ユーザーにわかりやすい形で表示するソフトウェアです。その代表的なものはWebブラウザです。

● クライアントプログラムはWebブラウザ以外もある

代表的なWebクライアントはWebブラウザですが、地図、天気、ニュースなど特定の情報に特化した専用クライアントもあります。特にスマートフォンでは多数の専用クライアントが公開されています。

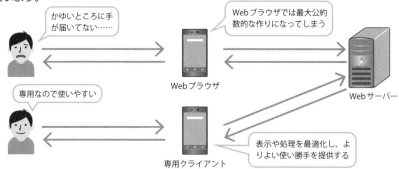

Webブラウザと専用アプリで地図を表示した例

GoogleマップのWebブラウザ版（左）とアプリ版（右）でできることはほぼ同じ。ただし、専用アプリのほうが表示範囲が広く、動きも滑らかで、使いやすい

06　アプリケーションサーバー

アプリケーションサーバー（AP サーバー）は、Web アプリケーションの中核となる業務処理を行うプログラムです。具体的には Web サーバーから転送されてきたユーザーからのデータを受け取り、サーバーサイド・スクリプトを実行することで、そのデータを加工したり、データベースのデータを検索・加工した後、Web サーバーに応答を返します。3 層アーキテクチャにおけるアプリケーション層に位置し、プレゼンテーション層とデータ層の両方とのやりとりも行うことから、3 層アーキテクチャにおいては最も多機能なサーバーであるといえます。

基本的に多機能であり、業務処理が複雑になればなるほど負荷が高くなります。そのため、動作させるサーバー機器にはサーバーサイド・スクリプトを動作させるためのメモリ容量や CPU 性能が重視されます。

■ セッション管理機能

HTTP は基本的に 1 回のリクエストとレスポンスで通信が切断される、ステートレスなプロトコルです。そのため、HTTP だけではクライアントが今どのような状態にあるかということが把握できません。アプリケーションサーバーはクライアントごとに発行した ID（**セッション ID**）を通信データに含めることで、同じクライアントからの通信を 1 つの**セッション**と呼ばれる単位で判別し、各クライアントのログイン状況などを把握します。クライアントがログアウトした場合はそれ以降の状態を把握する必要がないため、セッション ID は破棄されます。よって、クライアントのログインからログアウトするまでの一連の通信が 1 セッションであると考えればわかりやすいと思います。

■ トランザクション管理機能

セッション中で行われる一連の作業の最小単位を**トランザクション**と呼びます。トランザクション中には複数の処理が含まれますが、HTTP の通信は 1 リクエスト・1 レスポンスで成り立っているため、アプリケーションサーバーはそれら複数の通信を 1 つのトランザクションとしてまとめて管理する機能を持っています。

プラス1　発行されたセッション ID が悪用されるとなりすましの被害を受ける可能性があるので、取り扱いには注意が必要です。

● アプリケーションサーバーの役割

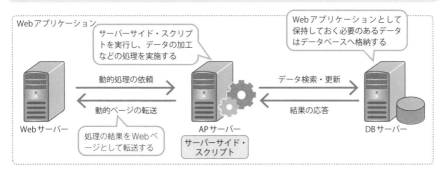

● セッション管理

ログインが必要なサイトなどでステートフルな処理を行う場合は、アプリケーションサーバーが
セッションIDを発行してセッション管理を行います。

● トランザクション管理

予約手続きのように「すべてのやりとりが成功するまで完了しない」処理は、1つのリクエスト
／レスポンス単位ではなく、トランザクション単位で管理します。

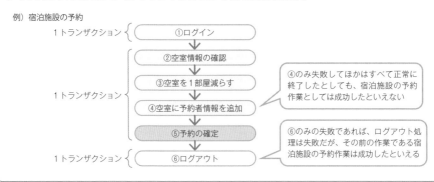

07 データベース管理システム

Web アプリケーションに蓄積されるデータは**データベース（DB）**に格納されますが、そのデータベースを管理する役割を担うのが**データベース管理システム（DBMS：Database Management System）**です。主にアプリケーションサーバーからのデータの検索や更新命令を受け、それに従ってデータの管理を行います。DBMS を搭載したサーバー機器を一般に**データベースサーバー（DB サーバー）**と呼びます。

データの管理というと役割はシンプルに見えますが、データベースの構造が複雑になったり、データの量が多くなるとデータ検索の負荷が増えるため、メモリや CPU といったサーバー機器の性能、ストレージの読み取り速度が重要になります。また、Web アプリケーションにとって重要なデータを扱うため、データ消失への対策も重要となります。

冗長化とデータの同期

データベースにとって保持するデータの保全は非常に重要です。そのため、DB サーバーも基本的に**冗長化構成**をとります。しかし、データベースは Web アプリケーションにより頻繁に更新されるため、冗長化している機器同士で扱うデータベースの内容をいかに最新の状態に同期させるのかが重要となります。

データベースの冗長化方法には、「ミラーリング」「レプリケーション」「シェアードストレージ」があります。**ミラーリング**は、データの更新命令を受けた DBMS が複数のデータベースに対して同時に同じ更新を行うことでデータベースを冗長化する方法です。**レプリケーション**は、データの更新命令を受けた DBMS が更新の内容を別の DBMS に連携し、連携を受けた DBMS が同じ内容の更新を自身の管理するデータベースに実施します。ミラーリング、レプリケーションともに DB サーバーとデータベース両方の冗長化となります。**シェアードストレージ**は、データベースを共用の機器（データストレージ）に持ち、複数の DB サーバー（DBMS）からそれを更新します。DB サーバーのみの冗長化となるため、データベースを格納する機器には耐障害性に優れた機器を採用する必要があります。

プラス1 金融取引情報などの重要な情報は、万が一消失してしまうと多くのユーザーに甚大な損害を与えるため、多少コストがかかっても耐障害性を最重視します。

● データベースの冗長化構成

ミラーリング

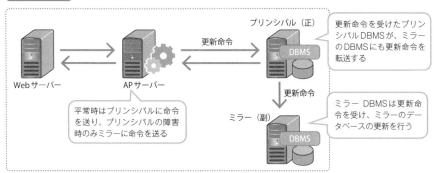

平常時に処理を行う機器を「正系」、障害時に正系に代わって処理を行う機器を「副系」または「待機系」と呼ぶ

レプリケーション

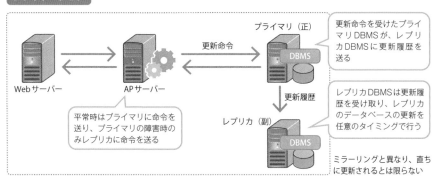

シェアードストレージ

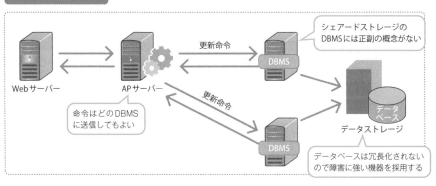

08　キャッシュサーバー

　静的コンテンツのストレージからの読み出しや DBMS のデータ検索処理は、リクエストの数が多くなるにつれサーバーの負荷が大きくなり、処理が遅くなってレスポンスの速度に影響を与えてしまいます。しかし、更新の少ないコンテンツやデータであれば、リクエストに対するレスポンスを覚えておけば毎回コンテンツを読み込んだりデータ検索をしたりする必要がなく、かつ Web サーバーや DBMS に負荷がかかりません。この「リクエストに対するレスポンスを覚えておく」役割を実現するのが**キャッシュサーバー**というプログラムです。

　「リクエストに対するレスポンスの記憶」を**キャッシュ**と呼びます。文書や画像、動画といったコンテンツのキャッシュが「**コンテンツキャッシュ**」、DBMS のデータ検索要求（クエリ）の結果のキャッシュが「**クエリキャッシュ**」です。

■ キャッシュの有効期限

　更新が少ないとしても、コンテンツやデータ更新の全くない Web システムはほとんどありません。もし、同じリクエストに対してキャッシュサーバーがいつまでも同じ内容をレスポンスし続けてしまうと、せっかくコンテンツやデータを更新してもユーザーには新しい内容がレスポンスされません。そのため、キャッシュには有効期限を設定しておき、いったん記憶してもその期間が過ぎればキャッシュサーバーからその情報をクリアし、再度新しい情報を記憶し直すようにしておく必要があります。

■ CDN（Contents Delivery Network）

　コンテンツキャッシュサーバーを利用すれば、画像や動画などの大きなサイズのコンテンツをより速く配信することが可能です。そこで考え出されたのが**CDN** です。CDN は世界各地に分散して配置されたキャッシュサーバーの集合体です。あらかじめ画像や動画などの大容量コンテンツのキャッシュを Web サーバーから取得しておき、CDN 全体で 1 台のコンテンツキャッシュサーバーのように動作します。CDN 内部ではリクエストに対し、アクセス元からネットワーク的に最も近いサーバーが対応することで、より速いレスポンスが返せるようになっています。

プラス1　CDN 最大手の Akamai Technologies はあまり知られていませんが、インターネットの 15 〜 30% の通信を占めているとされ、インターネット最大の会社と呼ばれています。

● コンテンツキャッシュサーバー

静的コンテンツ、特に動画のようなサイズの大きいコンテンツだと、サーバーがストレージから読み込むのに時間がかかります。コンテンツキャッシュサーバーがそれを代行することで、Webサーバーの負荷を減らすことができます。

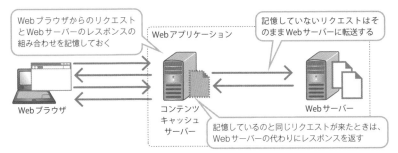

WebブラウザからのリクエストとWebサーバーのレスポンスの組み合わせを記憶しておく

Webアプリケーション

記憶していないリクエストはそのままWebサーバーに転送する

Webブラウザ

コンテンツキャッシュサーバー

Webサーバー

記憶しているのと同じリクエストが来たときは、Webサーバーの代わりにレスポンスを返す

● クエリキャッシュサーバー

データベースから複雑なデータ検索を行うのも時間がかかります。クエリキャッシュサーバーはその負荷を軽減します。

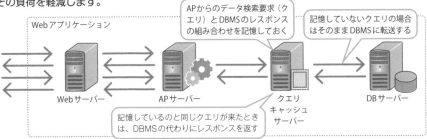

APからのデータ検索要求（クエリ）とDBMSのレスポンスの組み合わせを記憶しておく

記憶していないクエリの場合はそのままDBMSに転送する

Webアプリケーション

Webサーバー

APサーバー

クエリキャッシュサーバー

DBサーバー

記憶しているのと同じクエリが来たときは、DBMSの代わりにレスポンスを返す

● CDN

CDNは、世界各地に設置されたコンテンツキャッシュサーバーで構成されるネットワークです。CDN全体として1台のキャッシュサーバーのように動作します。

Webアプリケーション

CDN

コンテンツキャッシュサーバー（日本）

コンテンツキャッシュサーバー（欧州）

コンテンツキャッシュサーバー（北米）

定期的にWebサーバーからコンテンツのキャッシュを取得する

Webブラウザ

Webサーバー

ネットワーク的に最も近いサーバーが対応する

関連用語　Webアプリケーション ▶ P.108　Webサーバー ▶ P.114　アプリケーションサーバー ▶ P.118
データベースサーバー ▶ P.120　負荷分散 ▶ P.182

09 CGI

　Web サーバーがクライアントからの要求に応じてサーバーサイド・スクリプトを起動するための仕組みが CGI です。通常、Web サーバーはクライアントからのリクエストを受けると対応するコンテンツを返信しますが、あらかじめ CGI 用のプログラム（**CGI プログラム**）として定義されたコンテンツについてはそのままクライアントに返信せず、**それを Web サーバー上で実行したときの結果を返信します**。

　CGI プログラムに用いられる言語は Web サーバー上で実行可能なものであれば何でもよく、また AP サーバーを用意しなくても Web サーバー上でサーバーサイド・スクリプトを実行できるため、小規模な動的ページの作成に多く用いられています。

■ データの渡し方

　クライアントが CGI の場所（URL）にアクセスすることで、対象となるプログラムが起動されます。このアクセスの際に、クライアントからデータを送信できます。データの送信にはいくつかの方法があります。

　データを CGI プログラムに直接渡す方法が「**コマンドライン引数渡し**」です。「https://example.com/program.cgi? データ 1+ データ 2」のように URL の末尾に「?」を付け、その後にデータを「+」で区切って並べます。この方法では Web サーバーが CGI プログラムを実行するときにデータを CGI に渡します。

　データをリクエスト URL の階層構造に含めて渡す方法が「**パス渡し**」です。「https://example.com/program.cgi/ データ 1/ データ 2」のように CGI の場所を示す URL の後に「/」で区切ってデータを並べます。この方法ではデータが「PATH_INFO」という変数に格納されるため、CGI プログラムが起動後にそこからデータを取り出します。

　HTTP の GET メソッド、POST メソッドでデータを渡す方法もあります。GET メソッドでは「https://example.com/program.cgi/? データ名 1= データ 1& データ名 2= データ 2」のように URL の末尾にデータを追加することで、データが「QUERY_STRING」という変数に格納されます。POST メソッドではリクエストとして URL とは別にデータを送ります。

プラス1 CGI は Web サーバーでプログラムを動作させるため、Web サーバーへの負荷が大きくなります。そのため現在ではあまり利用されません。

● CGIがサーバーサイド・スクリプトを実行する仕組み

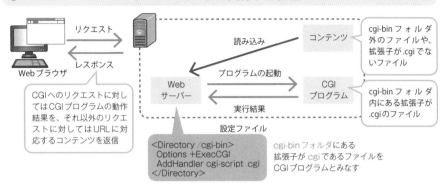

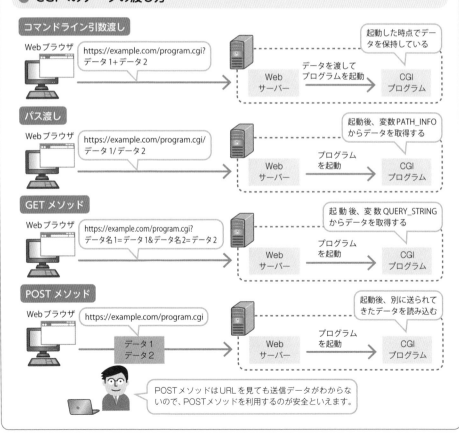

● CGIへのデータの渡し方

コマンドライン引数渡し

Webブラウザ　https://example.com/program.cgi?データ1+データ2

起動した時点でデータを保持している

Webサーバー　データを渡してプログラムを起動　CGIプログラム

パス渡し

Webブラウザ　https://example.com/program.cgi/データ1/データ2

起動後、変数PATH_INFOからデータを取得する

Webサーバー　プログラムを起動　CGIプログラム

GETメソッド

Webブラウザ　https://example.com/program.cgi?データ名1=データ1&データ名2=データ2

起動後、変数QUERY_STRINGからデータを取得する

Webサーバー　プログラムを起動　CGIプログラム

POSTメソッド

Webブラウザ　https://example.com/program.cgi

データ1　データ2

起動後、別に送られてきたデータを読み込む

Webサーバー　プログラムを起動　CGIプログラム

POSTメソッドはURLを見ても送信データがわからないので、POSTメソッドを利用するのが安全といえます。

関連用語　HTTPメソッド ▶ P.54　HTTPリクエスト ▶ P.52　URL ▶ P.42　サーバーサイド・スクリプト ▶ P.26

10　サーバー間の連携

　CGI を利用せずにサーバーサイド・スクリプトを動作させる場合は、Web サーバーが AP サーバーにデータの処理を依頼し、AP サーバーがサーバーサイド・スクリプトを動作させるという流れになります。このサーバー間の連携は、Web ブラウザと Web サーバーの連携と同じようにネットワーク通信によって行われます。この場合は Web サーバーがクライアント、AP サーバーがサーバーという関係になります。AP サーバーと DBMS 間の連携も同様です。

サーバー同士の通信

　サーバー同士の通信においてもリクエストを送信する側がクライアント、レスポンスを返す側がサーバーとなり、IP アドレスとポート番号を指定して TCP/IP 通信が行われます。AP サーバーや DBMS にもあらかじめポート番号が割り当てられており、クライアント側はそのポート番号を指定することになります。通信するサーバーが別のサーバー機器で稼働している場合は、そのサーバー機器に割り当てられた IP アドレスを指定して通信します。同じサーバー機器で稼働している場合はそのサーバー機器に割り当てられた IP アドレス、もしくは自らの稼働しているサーバー機器を表す特殊な IP アドレスである「127.0.0.1」を指定して通信します。

利用するプロトコル

　Web サーバーにおける HTTP のように、AP サーバーや DBMS でもそれぞれ利用するプロトコルが決まっています。ただし、HTTP のように「AP サーバーであればどの種類でもこのプロトコルを使う」というようなものはありません。AP サーバーでは、その種類によって HTTP のほかに **AJP** や **WebSocket** といったプロトコルが利用されており、Web サーバーはいずれかを用いて AP サーバーとやりとりを行います。また、DBMS ではそれぞれ独自のプロトコルが採用されており、各 AP サーバーがそのすべてに対応することは難しいため、AP サーバーと DBMS 間で通信を行うために **ODBC(Open Database Connectivity)** という API が開発されています。

プラス1　自らの稼働しているサーバー機器を表す方法として「localhost.localdomain」という特殊なドメイン名も用意されています。

● サーバー間の連携

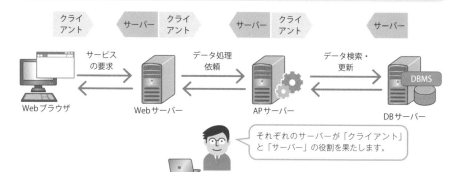

それぞれのサーバーが「クライアント」と「サーバー」の役割を果たします。

● サーバー間の連携時に使用するポート番号とIPアドレス

機器が異なる場合

IPアドレス：
172.18.1.100
Web
サーバー

172.18.1.150の
8009番ポートに接続

IPアドレス：
172.18.1.150
APサーバー
（ポート番号：8009）

機器が同じ場合

IPアドレス：
172.18.1.100
Web
サーバー

172.18.1.100の8009番ポート
または
127.0.0.1の8009番ポート
に接続

APサーバー
（ポート番号：8009）

サーバーのプログラムが稼働している機器が同じであっても別であっても基本は同じです。

● サーバー間の連携時に使用するプロトコル

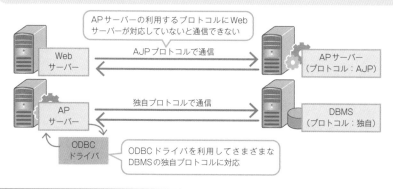

APサーバーの利用するプロトコルにWebサーバーが対応していないと通信できない

Web
サーバー

AJPプロトコルで通信

APサーバー
（プロトコル：AJP）

AP
サーバー

独自プロトコルで通信

DBMS
（プロトコル：独自）

ODBC
ドライバ

ODBCドライバを利用してさまざまなDBMSの独自プロトコルに対応

11 Ajax

同期通信

　従来は動的サイトといえば、Web ブラウザがリクエストを送り、Web サーバーが作成した HTML ファイルをレスポンスとして返し、Web ブラウザがそれを受け取って表示することでコンテンツの内容を変化させていました。このようにクライアントとサーバーが交互に処理を行い、同調して通信を行うことを**同期通信**と呼びます。同期通信の場合、サーバーが処理を行っている間、クライアントは待つことしかできず、HTML ファイルを受け取ってから表示の処理を行うため、全体としてページの更新に時間がかかってしまいます。また、送信するデータも多くなりがちで、サーバーに負担がかかってしまいます。

Ajax（Asynchronous JavaScript + XML）

　同期通信の欠点を補うために登場したのが Ajax（エイジャックス）という技術です。Ajax では、Web ブラウザ上でクライアントサイド・スクリプトとして動く JavaScript が直接 Web サーバーと通信を行い、取得したデータを用いて、表示する HTML を更新します。データのやりとりには XML が用いられ、JavaScript は DOM を使って XML や HTML を操作します。HTML そのものをやりとりするのではなく、更新に必要なデータのみをやりとりするため、送信するデータの量は同期通信のときよりも少なくなり、サーバーへの負担が抑えられます。

　また、Ajax では Web ブラウザの代わりに Web ブラウザ上で動く JavaScript が通信を行うため、JavaScript の機能を使った**非同期通信**が可能になります。具体的には、Web サーバーからのレスポンスを待つ間もクライアント側である JavaScript がレスポンスに左右されない箇所の HTML を更新したり、ユーザーからの入力を受け付けることができます。非同期通信を活用することで、レスポンス待ちの時間を有効活用することができ、ページの更新がより速くなります。

　Ajax は、Google 検索におけるサジェスト機能（ユーザーの入力中に検索候補を表示させる機能）や Google マップにおける地図の表示部分などに用いられています。

　プラス1　Ajax は Web ブラウザ上で専用アプリが動いているようなもので、デスクトップアプリやスマホアプリと Web ブラウザの中間のような存在です。

イメージでつかもう！

● 同期通信はレスポンス待ちが発生する

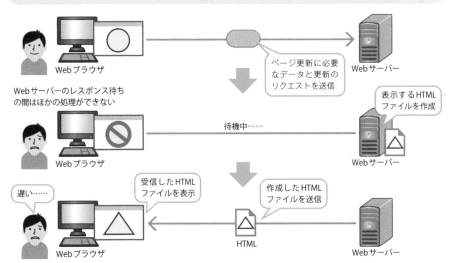

Web ブラウザ

Web サーバー

ページ更新に必要なデータと更新のリクエストを送信

Web サーバーのレスポンス待ちの間はほかの処理ができない

表示する HTML ファイルを作成

待機中……

Web ブラウザ

Web サーバー

遅い……

受信した HTML ファイルを表示

作成した HTML ファイルを送信

Web ブラウザ

HTML

Web サーバー

● Ajax（非同期通信）なら通信中でもユーザーを待たせない

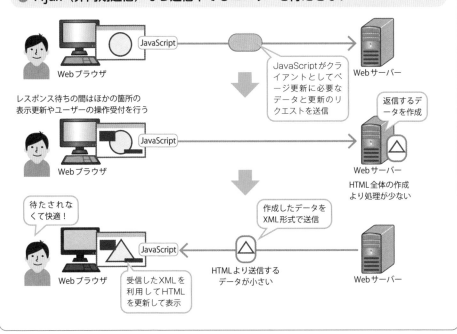

Web ブラウザ

JavaScript

Web サーバー

JavaScript がクライアントとしてページ更新に必要なデータと更新のリクエストを送信

レスポンス待ちの間はほかの箇所の表示更新やユーザーの操作受付を行う

Web ブラウザ

JavaScript

Web サーバー

返信するデータを作成

HTML 全体の作成より処理が少ない

待たされなくて快適！

作成したデータを XML 形式で送信

Web ブラウザ

JavaScript

受信した XML を利用して HTML を更新して表示

HTML より送信するデータが小さい

Web サーバー

5 Web アプリケーションの基本

12 レンダリング方式

HTMLを作成する処理を**レンダリング**といいます。従来の動的サイトは同期通信によってリクエストのたびに異なるHTMLを作成するため、**MPA（Multi Page Application）** と呼ばれます。Ajaxの登場によりHTMLの一部を更新できるようになったため、最初に最小限のHTMLをクライアントに渡し、必要に応じてHTMLの内容を更新することでページの遷移を表現する手法が開発されました。これを**SPA（Single Page Application）** と呼びます。SPAはHTMLの生成の仕方やタイミングによってさらに複数に分類されます。

CSR と SSR

CSR（Client Side Rendering） は、クライアントサイド・スクリプトを用いてクライアント側で更新対象のHTMLを作成する方式です。最初にWebサーバーからHTMLの骨組みを受け取り、その後はクライアントが直接APサーバーにリクエストしてデータを取得し、更新対象のHTMLを作成します。対して**SSR（Server Side Rendering）** は、サーバーサイド・スクリプトが更新対象のHTMLを作成したうえでクライアントに送ります。

SSG と ISR

SSG（Static Site Generation） は、コンテンツの更新があったタイミングであらかじめすべてのWebページのHTMLを作成しておく方式です。コンテンツの更新のたびにすべてのWebページを再作成する必要があり、再作成されるまでは古い情報のWebページが表示されるため、更新が少なく古い情報が表示されても問題のないWebサイトに向いています。

ISR（Incremental Static Regeneration） はSSRとSSGの中間の方式で、必要となったタイミングでHTMLを作成し、作成したHTMLを一定期間キャッシュとして保存しておく方式です。有効期限が切れたキャッシュは削除されるため、キャッシュの有効期限内は速くレスポンスを返すことができ、かつ古い情報が残り続けないという特徴があります。

● MPA（Multi Page Application）とSPA（Single Page Application）

MPA

Webクライアント
通信のたびにHTMLが
作成されます

HTML

Webサーバー

SPA

Webクライアント
最初だけHTMLが作成され、
以降ははその一部だけが
更新されます

HTML
更新
データ

Webサーバー

● CSR（Client Side Rendering）

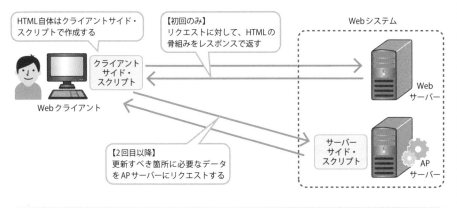

HTML自体はクライアントサイド・
スクリプトで作成する

【初回のみ】
リクエストに対して、HTMLの
骨組みをレスポンスで返す

Webシステム

クライアント
サイド・
スクリプト

Webクライアント

Web
サーバー

【2回目以降】
更新すべき箇所に必要なデータ
をAPサーバーにリクエストする

サーバー
サイド・
スクリプト

AP
サーバー

● SSR（Server Side Rendering）

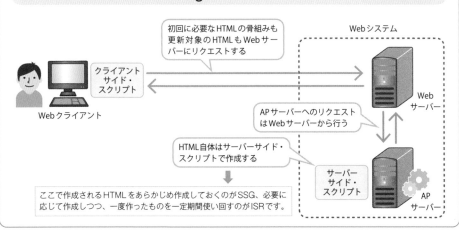

初回に必要なHTMLの骨組みも
更新対象のHTMLもWebサー
バーにリクエストする

Webシステム

クライアント
サイド・
スクリプト

Webクライアント

Web
サーバー

APサーバーへのリクエスト
はWebサーバーから行う

HTML自体はサーバーサイド・
スクリプトで作成する

サーバー
サイド・
スクリプト

AP
サーバー

ここで作成されるHTMLをあらかじめ作成しておくのがSSG、必要に
応じて作成しつつ、一度作ったものを一定期間使い回すのがISRです。

5

Webアプリケーションの基本

関連
用語　Ajax ▶ P.128　クライアントサイド・スクリプト ▶ P.26　サーバーサイド・スクリプト ▶ P.26

13 Webプログラミング

　プログラミング言語を使って Web アプリケーションを開発することを **Web プログラミング**と呼びます。Web プログラミングの特徴は、プログラミングの対象が**サーバーサイド・スクリプト**と**クライアントサイド・スクリプト**の 2 種類となることです。サーバーサイド・スクリプトとクライアントサイド・スクリプトでは、利用されるスクリプト言語の種類や利用される技術、設計思想がそれぞれ違うため、プログラマーには豊富な知識が求められます。しかし、フレームワークが整備されてきたことで、最近では Web プログラミングの難易度は大きく下がっています。

■ サーバーサイドのプログラミング

　サーバーサイド・スクリプトは多くのクライアントのリクエストを素早く処理することが求められるため、効率的な手順で処理を行うことや、サーバーのメモリを無駄遣いしないことが求められます。また、データベースとのやりとりをすることも多いため、DBMS や問い合わせ言語の SQL（エスキューエル）の知識が必要となってきます。

　さらに、顧客の個人情報を扱うような Web アプリケーションの場合であれば、セキュリティを意識したプログラミング技術も求められます。

■ クライアントサイドのプログラミング

　Web アプリケーションにおけるクライアントは、主に Web ブラウザとなります。Web ブラウザには Microsoft Edge や Firefox、Google Chrome など多くの種類があり、それぞれの動作には少しずつ違いがあります。そのため、その違いを吸収できなければ「Microsoft Edge では動くが Firefox では動かない」というように、動作するブラウザが限定される状態になってしまいます。

　クライアントサイド・スクリプトといえば、もともとは小規模な JavaScript のプログラムで表示を整えたり、ウィンドウを表示する程度のものでした。しかし、今では Ajax のような複雑な処理を行うものも増えてきており、プログラミングの規模は大きくなってきています。また、専用クライアントの開発もクライアントサイドのプログラミングに当たります。

● Webプログラミングの対象

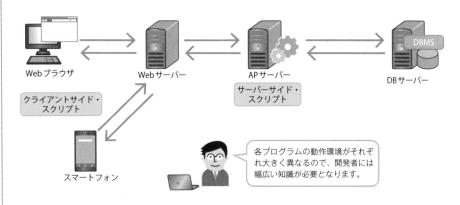

Webブラウザ　　Webサーバー　　APサーバー　　DBサーバー

クライアントサイド・
スクリプト

サーバーサイド・
スクリプト

スマートフォン

各プログラムの動作環境がそれぞれ大きく異なるので、開発者には幅広い知識が必要となります。

● サーバーサイド・プログラミング

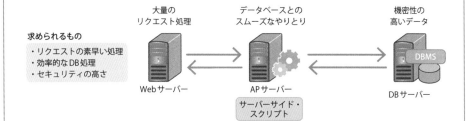

求められるもの
・リクエストの素早い処理
・効率的なDB処理
・セキュリティの高さ

大量の
リクエスト処理

データベースとの
スムーズなやりとり

機密性の
高いデータ

Webサーバー　　APサーバー　　DBサーバー

サーバーサイド・
スクリプト

● クライアントサイド・プログラミング

求められるもの
・ブラウザごとの動作の違いの吸収
・Ajaxであれば非同期処理の実装

Webブラウザ　　Webサーバー

クライアントサイド・
スクリプト

求められるもの
・スマートフォンアプリの知識
・デスクトップアプリの知識

スマートフォン

14 Web API

　Web の「クライアントがデータを送信して、サーバーからデータを返送してもらう」という動作を利用して、Web を通じてユーザーではなくプログラムが直接サービスを利用するための窓口が Web API（Application Program Interface）です。クライアントとなるプログラムが Web API に Web 経由でデータを送信することで、データを受け取った Web サーバーがデータを処理し、再び Web を経由してクライアントに処理結果のデータを返信します。HTML のような文書ではなく XML のような構造化されたデータが返信されるため、プログラムにとっては受信したデータを処理しやすくなります。

　具体的な Web API としては、「緯度、経度などの位置情報を送信すれば、対応する場所の天気予報が返信される天気予報 API」や、「語句を送信すれば、その語句の Web 検索結果が返信される Web 検索 API」、「ログイン情報と文章を送信すれば、SNS にその文章が投稿される SNS 投稿 API」などがあります。これらを利用すれば、「ポータルサイトに地域情報を登録しておくと、ポータルサイトのプログラムが自動的に天気予報 API を利用し、ポータルサイト上に登録した地域の天気予報を表示する」といった処理や、「ニュースサイトに SNS のログイン情報を登録しておき、気になったニュースの SNS 投稿ボタンを押すと、そのニュースがそのまま SNS に投稿される」といった処理が可能になります。

■ プログラム同士のデータのやりとり

　Web API とのデータのやりとりの方法にはさまざまな方式がありますが、主なものとしては XML-RPC、SOAP、REST があります。**XML-RPC** は XML を送信することで処理の実行を要求するプロトコルで、受信するデータの形式にも XML が使われます。**SOAP** は XML-RPC の機能を拡張したものです。高機能であり、2000 年初頭までは広く利用されていましたが、仕様が複雑なこともあり最近は利用が減ってきています。REST は 1-10 節で説明しましたが、プロトコルではなく設計思想です。シンプルな設計で、かつデータの形式が XML に限定されず JSON のような軽量なデータも利用できることから、SOAP に代わり現在の主流となっています。

● Web API

Web API は、アプリケーションが Webサーバーの機能を利用するためのインターフェースです。ユーザーが Webブラウザから操作しなくてもアプリケーションが直接 Webサービスを利用できます。

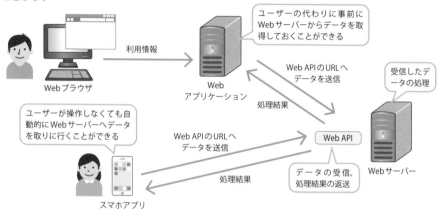

● 天気予報サービスを例にすると……

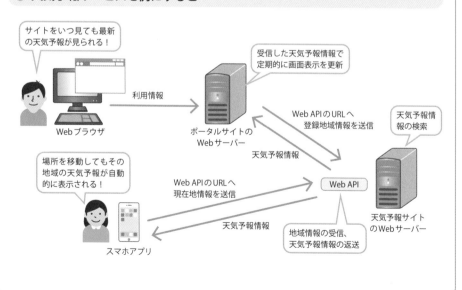

15 マッシュアップ

前節で見たように、Web API を利用することで、ユーザーを介さずにプログラムが直接 Web サービスを利用できるようになりました。そこで、プログラムが複数の Web サービスを利用し、それらの処理結果を組み合わせることで別のサービスを提供することが可能となっています。このような複数の Web サービスを組み合わせて新たな Web サービスを生み出すことを**マッシュアップ**と呼びます。

例えば、位置情報から取得した地図情報と天気予報情報を用いてその日に着る服をお勧めするサービス、位置情報から取得した特売情報とレシピ情報を用いてその日の献立を提案するサービスなどが考えられます。

■ 各サービスの強みを利用する

マッシュアップでよく使われるサービスが、Google マップなどの地図情報や Amazon などの商品情報です。これらの情報は各社が長年の実績で積み上げてきたものであり、自力で準備するには途方もない時間がかかってしまいます。しかし、各社が Web API を公開するようになったことで、それらの情報に簡単にアクセスし、利用できるようになりました。近年では政府や自治体などの公開する公共データ（オープンデータ）も増えており、さまざまな情報が利用できます。

■ マッシュアップの注意点

マッシュアップは各サービスからいいとこ取りをしてサービスを生み出すことができます。しかし、各サービスの Web API の公開範囲や仕様についてはサービスを提供する各社の判断に委ねられています。つまり、マッシュアップにより便利な新サービスを生み出したとしても、もとになっているサービスが Web API の公開を終了するとその新サービスを継続することができません。また、Web API の仕様が変更となった場合はそれに合わせてサービスを修正する必要があります。このようにマッシュアップで生み出されたサービスは独立したものでなく、もとになるサービスのおかげで成り立っているものであるということを意識する必要があります。

プラス1 異なる音源から一部をそれぞれ取り出して重ね合わせ、1 つの曲にする音楽の手法である「マッシュアップ」が語源となっています。

● 通常の利用方法

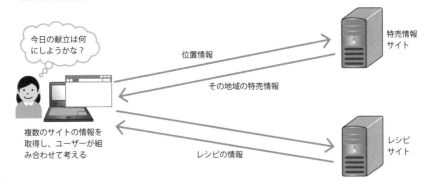

● マッシュアップで新しいサービスを作る

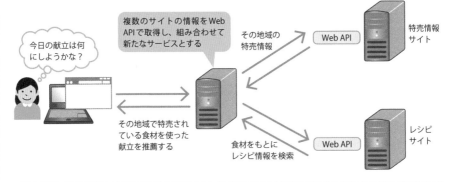

● マッシュアップの注意点

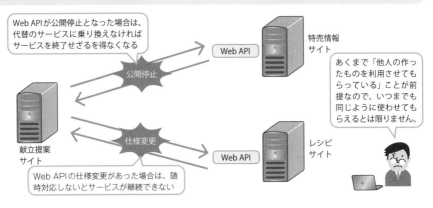

クライアントプログラムと
Web サーバー

　スマホアプリに代表される Web サーバーと連動して動くクライアントプログラムですが、Web サーバーとどのように連携するかによって「Web ビューアプリ」と「ネイティブアプリ」の 2 つに分類することができます。Web ビューアプリとは、アプリ内で WebView と呼ばれるブラウザ機能を呼び出して、そこから Web サーバーのコンテンツを表示するアプリです。つまり、Web ビューアプリでは Web サーバーがほとんど処理を行い、アプリ側は Web サーバーが生成したコンテンツを表示するだけです。これに対してネイティブアプリは、画面の生成や表示などの処理をアプリ内で行い、データのみを Web サーバーから API を通じて JSON などで取得します。

　Web ビューアプリ、ネイティブアプリとも、それぞれメリット・デメリットがあります。まず Web ビューアプリは、Web ブラウザとのやりとりを前提とした Web サーバーのプログラムを活用しやすいというメリットがあります。コンテンツ生成処理は Web ブラウザ向けのものと共用し、表示部分のみスマホに最適化するだけでアプリとすることができるためです。また iOS、Android など複数の OS にアプリを提供する場合にも、それぞれの OS から WebView を呼び出す部分の開発のみで済ませられます。一方、ネイティブアプリの場合は、WebView の制約にとらわれず自由に表示や操作方法を設定できるため、スマホの機能や操作性を生かしたものが作りやすいです。そのぶん、iOS、Android など複数の OS に提供する場合、開発量が多くなりコストが高くなりがちです。

　実のところは、完全なネイティブアプリ・Web ビューアプリと分けられるのではなく、機能ごとに WebView が使われたりネイティブで作られたりとハイブリットの構成となることがほとんどです。現状では、ネイティブアプリが主流となっていますが、WebView への機能追加や JavaScript の高度化などで、Web ビューアプリでも遜色がないものが作れるようになりつつあります。今後のモバイルアプリの作り方の動向に注視が必要です。

Webのセキュリティと
認証

Web の便利さが広まり、多くの人
が使うようになると、それを悪用しよ
うとする人も増えてきます。いったい
どのように悪用されるのか、悪用を
防ぐための対策にはどのようなもの
があるのかについて説明します。

01 Webシステムの セキュリティ

Webシステムは日々発達し、新しい機能が追加されて便利になってきています。しかし一方で、その便利な機能を悪用してWebシステム上の機密情報を抜き取ったり、Webシステムを動作不能にさせるなど、悪意を持ったユーザーによって攻撃を受ける可能性も増えてきています。そのため、Webシステムの運営にあたっては**セキュリティ対策**が必須となります。

■ 情報セキュリティの3要素

「情報セキュリティ」とは、情報の「**機密性**」「**完全性**」「**可用性**」を維持することと定義されています。この3つを**情報セキュリティの3要素**と呼びます。

機密性とは、アクセスを認められた者だけがその情報にアクセスできる状態を確保すること、つまりは関係のない者に情報を見せないことを意味します。完全性とは、情報が破壊・改ざん・消去されていない状態を確保することを意味します。可用性とは、必要なときはいつでも情報にアクセスできる状態を確保することを意味します。

■ リスク・脅威・脆弱性

情報セキュリティが維持できず、何らかの損失が発生する可能性を「**リスク**」と呼びます。リスクを現実化させる要因が「**脅威**」、脅威に対する弱みが「**脆弱性**」です。

例えば、機密情報を持ったシステムがある場合、そのシステムにとっては機密情報への不正アクセスが1つの脅威となります。そして不正アクセスを許してしまうバグがあれば、それがシステムの脆弱性となります。この場合は、脆弱性となっているバグを不正アクセスによって利用され、機密情報が持ち出されるなどの損害が発生するリスクがあるといえます。実際に不正アクセスを受け、損失が現実化することを「**リスクが顕在化する**」といいます。

情報セキュリティの維持には、脅威や脆弱性を洗い出し、リスクの顕在化を防ぐための対策を行うことが必要です。すべての脅威や脆弱性への対策を行うことは難しいため、一般的にはリスクによる損失の度合いを算出し、それに応じて優先順位を決めたうえで対策を行います。

プラス1 リスク対策には、脅威発生の可能性を下げる「低減」、リスクを受容する「保有」、リスク発生の可能性をなくす「回避」、保険などによって他者にリスクを移す「移転」があります。

● 情報セキュリティの3要素

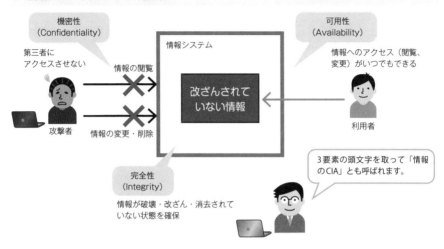

機密性
（Confidentiality）

第三者に
アクセスさせない

情報の閲覧

情報の変更・削除

攻撃者

情報システム

改ざんされて
いない情報

可用性
（Availability）

情報へのアクセス（閲覧、
変更）がいつでもできる

利用者

完全性
（Integrity）

情報が破壊・改ざん・消去されて
いない状態を確保

3要素の頭文字を取って「情報
のCIA」とも呼ばれます。

● リスク・脅威・脆弱性

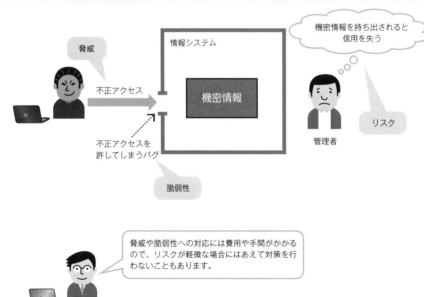

脅威

情報システム

不正アクセス

機密情報

不正アクセスを
許してしまうバグ

脆弱性

機密情報を持ち出されると
信用を失う

リスク

管理者

脅威や脆弱性への対応には費用や手間がかかる
ので、リスクが軽微な場合にはあえて対策を行
わないこともあります。

関連
用語
暗号化 ▶ P.158　脆弱性診断 ▶ P.196

02 パスワードクラッキング、DoS攻撃

会員制サイトのような個人情報を保持している Web システムが個人情報を目的とした攻撃の標的となったり、官公庁の Web サイトが政治的な思想を持つ集団からサービス停止に追い込まれるような攻撃を仕掛けられたりと、Web システムはサイバー攻撃の危険に晒されています。

パスワードクラッキング

個人情報を狙い、ID とパスワードによる認証を行う会員制 Web サイトからユーザーのパスワードを抜き出そうとする攻撃を**パスワードクラッキング**と呼びます。

パスワードを抜き出すために使われる主な手法が「**辞書攻撃**」と「**ブルートフォース攻撃**」です。辞書攻撃とは、よくパスワードに使われる単語（password や 123456 など）をまとめたファイル（辞書）を用意しておいて、それを使ってログインを次々と試すことでパスワードを当てるという攻撃です。また、ブルートフォース攻撃はパスワードに使われる文字の全組み合わせをしらみつぶしに試す方法です。

簡単で短いパスワードはどちらの手法にも弱いため、会員制 Web サイトを構築するときはパスワードの長さを指定したり、記号を必須としたりするなど、ユーザーが簡単なパスワードを設定できないような作りにしておくといった対策が有効です。

DoS 攻撃

短時間にサーバーが処理しきれないような大量のアクセスを行うことで、サービス停止に陥らせる攻撃を DoS（Denial of Service）攻撃と呼びます。

Web サービスにおいては「**SYN Flood 攻撃**」や「**F5 攻撃**」が主な手段として使われます。SYN Flood 攻撃は TCP のやりとりにおける SYN パケットだけを大量に送り付け、サーバーを接続待ち状態にさせることで別のユーザーからの新たな接続を確立できなくする攻撃です。F5 攻撃は繰り返しアクセスし続けることで、リクエストへの反応ができないレベルまで Web サーバーの負荷を高める攻撃です。

DoS 攻撃への対策としては、不自然なアクセスの増加を検知し、送信元の IP アドレスからのアクセスをいち早く遮断するなどが必要です。

プラス 1　単一でなく大量のクライアントから一斉に DoS 攻撃を仕掛けるために対策が行いづらい DDoS（Distributed DoS）攻撃というものもあります。

● パスワードクラッキング

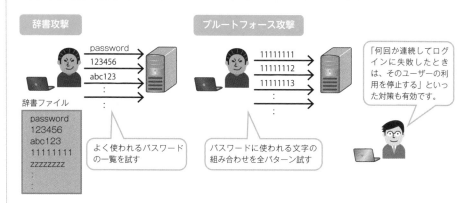

辞書攻撃

password
123456
abc123
:
:

辞書ファイル

```
password
123456
abc123
11111111
zzzzzzzz
:
:
```

よく使われるパスワード
の一覧を試す

ブルートフォース攻撃

11111111
11111112
11111113
:
:

パスワードに使われる文字の
組み合わせを全パターン試す

「何回か連続してログ
インに失敗したとき
は、そのユーザーの利
用を停止する」といっ
た対策も有効です。

● DoS攻撃

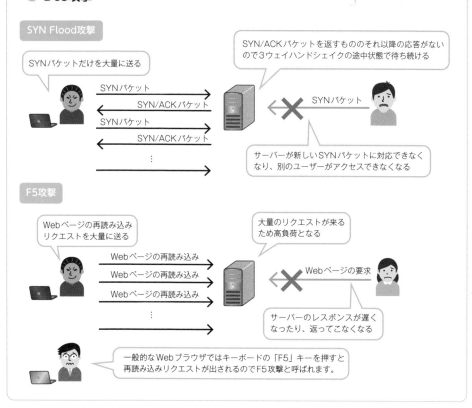

SYN Flood攻撃

SYNパケットだけを大量に送る

SYNパケット →
← SYN/ACKパケット
SYNパケット →
← SYN/ACKパケット
:
→

SYN/ACKパケットを返すもののそれ以降の応答がない
ので3ウェイハンドシェイクの途中状態で待ち続ける

SYNパケット →

サーバーが新しいSYNパケットに対応できなく
なり、別のユーザーがアクセスできなくなる

F5攻撃

Webページの再読み込み
リクエストを大量に送る

Webページの再読み込み →
Webページの再読み込み →
Webページの再読み込み →
:
→

大量のリクエストが来る
ため高負荷となる

Webページの要求 →

サーバーのレスポンスが遅く
なったり、返ってこなくなる

一般的なWebブラウザではキーボードの「F5」キーを押すと
再読み込みリクエストが出されるのでF5攻撃と呼ばれます。

03 Webシステムの特徴を利用した攻撃

　前節で紹介した攻撃は、メールシステムなど、Web システム以外に対しても利用される攻撃です。本節では Web システムの持つ特徴を利用した攻撃を紹介します。

■ セッションハイジャック

　ログインしてから利用するような Web システムでは、Cookie やセッション ID を使って、アクセスしてきたユーザーがログイン済みかどうか判断します。そのため、何らかの手段で第三者が Cookie の中身やセッション ID を取得できれば、ユーザー ID やパスワードを知らなくてもその情報を使ってログイン済みのユーザーとしてそのシステムを利用できるようになり、容易に個人情報を取得されてしまいます。これが**セッションハイジャック**です。

　Cookie やセッション ID を取得する方法としては、ネットワークの盗聴や次節で説明する Web アプリケーションの脆弱性を突く方法など、複数の方法が考えられます。こういった攻撃を防ぐには、盗聴されても情報が読み取られないように通信を暗号化したり、ログインしたユーザーが急に異なる IP アドレスから接続してきた場合に強制的にログアウトさせるといった作りにしておくことが有効です。

■ ディレクトリトラバーサル

　Web サーバーの特徴として、URL で Web サーバーのディレクトリ名を指定してファイルにアクセスするというものがあります。URL でファイルを指定する際には、ディレクトリ名やファイル名を直接指定する方法のほかに「現在の階層」や「現在の1つ上の階層」を指定することができます。その指定方法を利用し、Web で公開されていないディレクトリにアクセスすることで Web サーバー自体のログインパスワードを取得し、Web サーバーへ不正にログインするなどの攻撃につなげるのが**ディレクトリトラバーサル**です。

　対策としては、リクエストに含まれる URL のチェックを行い、公開していないファイルが指定されていないか確認することで防ぐことが可能です。

　プラス1　URL では現在の階層は「.」、現在の1つ上の階層は「..」で表します。

イメージでつかもう！

● セッションハイジャック

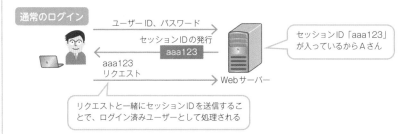

通常のログイン

ユーザー ID、パスワード
セッション ID の発行 `aaa123`
aaa123 リクエスト

セッション ID「aaa123」が入っているから A さん

Web サーバー

リクエストと一緒にセッション ID を送信することで、ログイン済みユーザーとして処理される

セッションハイジャック

ユーザー ID、パスワード
セッション ID の発行 `aaa123`
盗聴
aaa123 リクエスト

セッション ID「aaa123」が入っているから A さん

Web サーバー

● ディレクトリトラバーサル

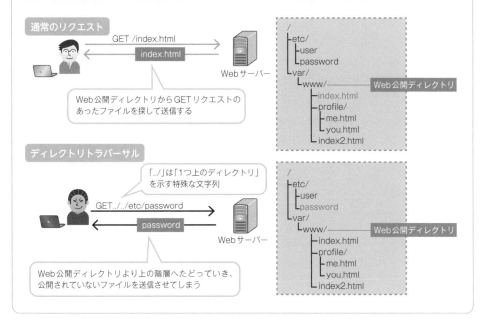

通常のリクエスト

GET /index.html
index.html

Web サーバー

```
/
├etc/
│  ├user
│  └password
└var/
   └www/────── Web公開ディレクトリ
      ├index.html
      ├profile/
      │  ├me.html
      │  └you.html
      └index2.html
```

Web 公開ディレクトリから GET リクエストのあったファイルを探して送信する

ディレクトリトラバーサル

「../」は「1 つ上のディレクトリ」を示す特殊な文字列

GET ../../etc/password
password

Web サーバー

```
/
├etc/
│  ├user
│  └password
└var/
   └www/────── Web公開ディレクトリ
      ├index.html
      ├profile/
      │  ├me.html
      │  └you.html
      └index2.html
```

Web 公開ディレクトリより上の階層へたどっていき、公開されていないファイルを送信させてしまう

Web のセキュリティと認証

04 Webアプリケーションの脆弱性を狙う攻撃

　動的サイトは実行できる処理の自由度が高い半面、脆弱性を突かれた場合は攻撃者のできることの自由度も高くなってしまいます。特にユーザーから送信されたデータをそのまま利用することは危険で、下記のような攻撃を受けないためにも受信したデータに攻撃に利用されるような内容が含まれていないか Web アプリケーション側で確認することが重要です。

クロスサイトスクリプティング（Cross Site Scripting：XSS）

　掲示板サイトのような、ユーザーの入力内容を表示するタイプの Web サイトの脆弱性を突く攻撃です。具体的には、攻撃者が「脆弱性を持つ Web サイトに対してスクリプトを書き込む」リンクを表示する Web ページを公開します。そのリンクにアクセスしてしまうと、脆弱性のある Web ページを介してスクリプトがユーザーのWeb ブラウザに送り込まれ、クライアントサイド・スクリプトとして実行されてしまいます。送り込まれるスクリプトとしては、セッションハイジャックのためのCookie 情報を公開するものや、ウイルスをダウンロードするものなどが考えられます。

クロスサイトリクエストフォージェリ（Cross Site Request Forgeries：CSRF）

　XSS と同じく攻撃者が用意した「ログインが必要なサイトに対して操作を行う」リンクにユーザーがアクセスすることで被害を受ける攻撃です。XSS と異なる点は、目的が「ユーザーの Web ブラウザに悪意のあるスクリプトを送り込む」ことではなく、「本人になりすましてログインの必要なサイトを操作する」ことです。

　具体的な攻撃としては、ユーザーのパスワードを攻撃者の指定するものに変えてしまったり、XSS のための悪意のあるリンクを投稿することなどが考えられます。

SQL インジェクション

　ログイン画面や検索画面では、Web サーバーに対してユーザーから送信された情報を DB サーバーに連携して処理を行います。そこで送信する情報に DB が解釈できる内容を混ぜ込むことで、DB に意図しない動作を行わせる攻撃です。

プラス 1　XSS や CSRF は、攻撃者の用意したリンクにユーザーがアクセスすると始まる攻撃です。ユーザー自身が不用意に怪しいリンクにアクセスしないように注意することも大事です。

クロスサイトスクリプティング

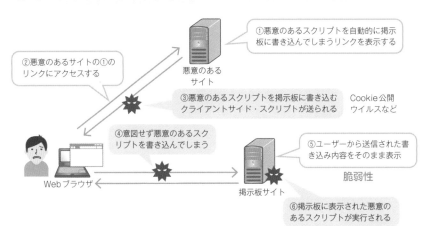

①悪意のあるスクリプトを自動的に掲示板に書き込んでしまうリンクを表示する

②悪意のあるサイトの①のリンクにアクセスする

悪意のあるサイト

③悪意のあるスクリプトを掲示板に書き込むクライアントサイド・スクリプトが送られる

Cookie公開
ウイルスなど

④意図せず悪意のあるスクリプトを書き込んでしまう

⑤ユーザーから送信された書き込み内容をそのまま表示

Webブラウザ

掲示板サイト

脆弱性

⑥掲示板に表示された悪意のあるスクリプトが実行される

クロスサイトリクエストフォージェリ

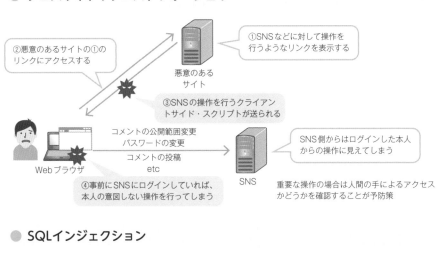

①SNSなどに対して操作を行うようなリンクを表示する

②悪意のあるサイトの①のリンクにアクセスする

悪意のあるサイト

③SNSの操作を行うクライアントサイド・スクリプトが送られる

コメントの公開範囲変更
パスワードの変更
コメントの投稿
etc

SNS側からはログインした本人からの操作に見えてしまう

Webブラウザ

④事前にSNSにログインしていれば、本人の意図しない操作を行ってしまう

SNS

重要な操作の場合は人間の手によるアクセスかどうかを確認することが予防策

SQLインジェクション

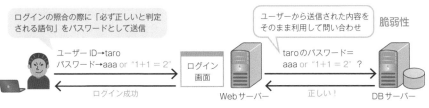

ログインの照合の際に「必ず正しいと判定される語句」をパスワードとして送信

ユーザーから送信された内容をそのまま利用して問い合わせ

脆弱性

ユーザーID→taro
パスワード→aaa or "1+1 = 2"

ログイン画面

taroのパスワード＝
aaa or "1+1 = 2" ？

ログイン成功

Webサーバー

正しい！

DBサーバー

関連用語　クライアントサイド・スクリプト ▶ P.26　データベースサーバー ▶ P.120

05 Webシステムの脆弱性

Web システムにおいて、脆弱性(ぜいじゃくせい)を完全に無くすことは非常に難しく、どんなシステムにも脆弱性は残ってしまいます。特にシステム運用において避けられない脆弱性がセキュリティホールです。

■ セキュリティホール

セキュリティホールとは、「ソフトウェア製品の欠陥により、権限がないと本来できないはずの操作が権限を持たないユーザーにも実行できてしまったり、見えるべきでない情報が第三者に見えてしまうような不具合」を指します。セキュリティホールはどのような製品にも存在する可能性があり、Windows や Linux などの OS、IIS や Apache などの Web サーバー、Oracle や MySQL などの DB サーバーからも日々発見されています。

発見されたセキュリティホールは、**脆弱性情報データベース**というデータベースで管理され、一般に公開されているため、システム管理者はその情報を参照することで自身の管理するシステムのセキュリティホールを知ることができます。

また、ソフトウェアの開発元はセキュリティホールが発見されると直ちに**修正プログラム**を開発し、利用者に配布することで被害の拡散を防いでいます。

■ ゼロデイ攻撃

発見されたセキュリティホールに対する修正プログラムが開発される前に、そのセキュリティホールを利用した攻撃を仕掛けることを**ゼロデイ攻撃**と呼びます。ゼロデイ攻撃にははっきりとした対抗策がなく、システム管理者にとっては最も対策が難しい攻撃となります。セキュリティホールの発見頻度が少なく信頼できる製品や、セキュリティホールへの対応が早い製品を選定することが対策の 1 つとなります。

また、最近では脆弱性データベースの情報を利用し、正式なセキュリティパッチが開発されるまで一時的にゼロデイ攻撃の可能性のある通信を遮断するようなセキュリティ製品も開発されています。

プラス 1　何となくインストールしたものの使っていないようなソフトにセキュリティホールが見つかることがあります。不要なソフトはインストールしないようにしましょう。

● Webシステムにおける脆弱性は随所にありうる

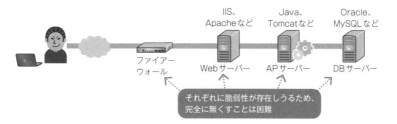

● セキュリティホールとその対策

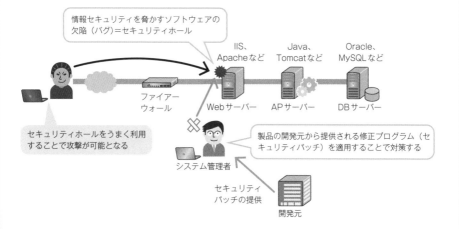

● ゼロデイ攻撃

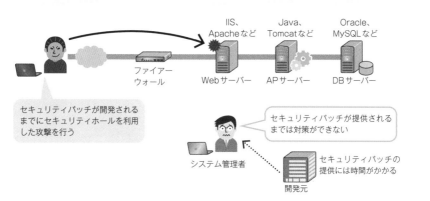

06 ファイアーウォール

Web システムへの攻撃を防ぐ方法として、最も有効なのは「攻撃者からアクセスさせないこと」です。とはいえ、完全にアクセスを遮断してしまっては Web システムとしてサービスを提供することができません。

そこで、サービスに必要な通信だけを許可し、それ以外の通信を拒否することを考えます。インターネットと内部ネットワークの間に設置し、送受信されるデータを監視して通信の許可・拒否を行うものが**ファイアーウォール**です。

■ パケットフィルタ型ファイアーウォール

ファイアーウォールにはいくつかの方式がありますが、最も広く使われているものは**パケットフィルタ型**と呼ばれるものです。

パケットフィルタ型のファイアーウォールでは、送受信されるデータ（パケット）の IP アドレスとポート番号をチェックし、通信の許可／拒否の判断を行います。

例えば、社内で使うための Web システムは社内の IP アドレスからのみ通信できればよく、そのほかの IP アドレスからの通信を許可する必要はありません。ポート番号にしても Web システムであれば通常は HTTP(80 番) や HTTPS(443 番) への通信のみを許可しておけばサービスが提供できます。

不特定多数のユーザーが使用するシステムであれば、IP アドレス単位での通信遮断は難しいですが、利用しないポートへの通信を防ぐだけでも不正アクセスの防止には大きな効果があります。そのため、インターネット上に公開するシステムのほとんどでファイアーウォールが導入されています。

ただし、ファイアーウォールで許可した IP アドレスやポート番号を利用した通信を使っての攻撃は防げないため、ほかのセキュリティ対策も併せて行われることが多いです。

また、インターネットから内部向けへの通信だけでなく、内部からインターネット向けの通信を遮断することもできるため、ウイルスに感染したサーバーが外部にデータを送信してしまうという状況を未然に防ぐことも可能です。

● 不要な通信を防ぐことがセキュリティの第一歩

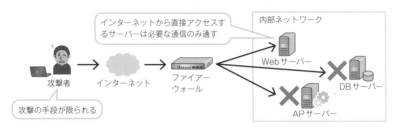

インターネットから直接アクセスするサーバーは必要な通信のみ通す

内部ネットワーク

攻撃者　インターネット　ファイアーウォール　Webサーバー　DBサーバー　APサーバー

攻撃の手段が限られる

● 社内ユーザー向けWebシステムの場合

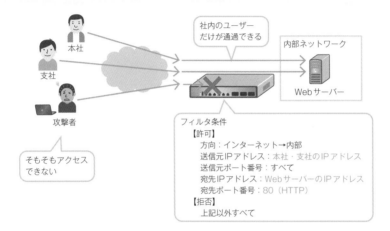

本社　支社　攻撃者

社内のユーザーだけが通過できる

内部ネットワーク

Webサーバー

そもそもアクセスできない

フィルタ条件
【許可】
　方向：インターネット→内部
　送信元IPアドレス：本社・支社のIPアドレス
　送信元ポート番号：すべて
　宛先IPアドレス：WebサーバーのIPアドレス
　宛先ポート番号：80（HTTP）
【拒否】
　上記以外すべて

● 不特定多数ユーザー向けWebシステムの場合

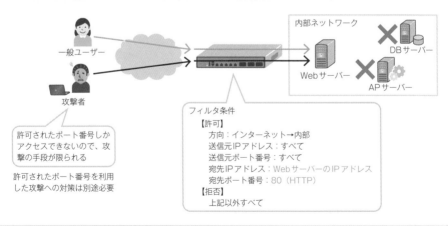

一般ユーザー　攻撃者

内部ネットワーク

Webサーバー　DBサーバー　APサーバー

許可されたポート番号しかアクセスできないので、攻撃の手段が限られる

許可されたポート番号を利用した攻撃への対策は別途必要

フィルタ条件
【許可】
　方向：インターネット→内部
　送信元IPアドレス：すべて
　送信元ポート番号：すべて
　宛先IPアドレス：WebサーバーのIPアドレス
　宛先ポート番号：80（HTTP）
【拒否】
　上記以外すべて

6

Webのセキュリティと認証

関連用語　IPアドレス ▶ P.40　ネットワーク構成の検討 ▶ P.174　ポート番号 ▶ P.40

07 IDS、IPS

ファイアーウォールで防ぎきれない攻撃を防ぐ手段の１つに IDS(Intrusion
Detection System) と IPS(Intrusion Prevention System) があります。両者
とも、通信を監視するネットワーク型と、サーバー上のユーザーの動きを監視するホ
スト型の２種類がありますが、ここではネットワーク型のものについて説明します。

　ネットワーク型の IDS、IPS は、どちらもネットワーク上を流れる通信を監視し、
不正アクセスと見られる通信や普段と異なる異常な通信を検知する装置です。IDS と
IPS の違いは不正な通信を検知したときの動作で、IDS は異常があったことをシステ
ム管理者にメールなどで通知するだけですが、IPS は通知だけでなく、即座に該当す
る通信の遮断を行います。

　不正な通信を遮断する IPS のほうが強固なセキュリティを実現できますが、不正
な通信だけを正確に検知することは難しく、正常な通信を不正な通信と誤って判断(誤
検知) してしまうこともあります。誤検知が発生した場合、IPS だと正常な通信が遮
断されてしまうことになり、可用性が低下してしまいます。そのため、IDS と IPS は
システムの用途や性質によって使い分けられます。

　IDS、IPS の不正アクセスの検知方法には、「**シグネチャ型**」と「**アノマリー型**」の
２つの方法があります。

■ シグネチャ型（不正検知型）

　シグネチャとは、既知の攻撃手法における通信パターンが登録されたデータベー
スのことです。シグネチャ型の検知では、監視対象の通信とシグネチャを比較し、シ
グネチャに登録されたパターンと一致する通信を不正アクセスと判断します。SYN
Flood 攻撃のような特徴的な通信を行う攻撃を検出できます。

■ アノマリー型（異常検知型）

　普段の通信とは大きく異なる通信や、通常は発生しないような通信を不正アクセ
スと判断する検知方法です。通信内容は不審な点がないもののアクセス量が急増する
F5 攻撃などを検出できます。

プラス 1 　ホスト型のものはサーバーにインストールするソフトウェアとなっており、ユーザーの操作記録や
ファイルの変更履歴を監視することで不正な操作を検知します。

IDS、IPSの設置

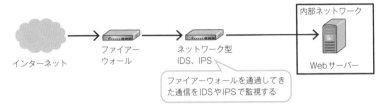

インターネット　→　ファイアーウォール　→　ネットワーク型 IDS、IPS　→　内部ネットワーク Webサーバー

ファイアーウォールを通過してきた通信をIDSやIPSで監視する

IDS、IPSの動作の違い

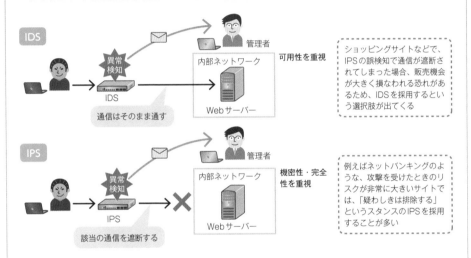

IDS

異常検知　→　管理者

内部ネットワーク Webサーバー

通信はそのまま通す

可用性を重視

ショッピングサイトなどで、IPSの誤検知で通信が遮断されてしまった場合、販売機会が大きく損なわれる恐れがあるため、IDSを採用するという選択肢が出てくる

IPS

異常検知　→　管理者

内部ネットワーク　×　Webサーバー

該当の通信を遮断する

機密性・完全性を重視

例えばネットバンキングのような、攻撃を受けたときのリスクが非常に大きいサイトでは、「疑わしきは排除する」というスタンスのIPSを採用することが多い

不正アクセスの検知方法

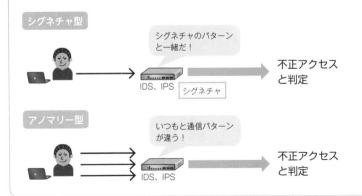

シグネチャ型

シグネチャのパターンと一緒だ！

IDS、IPS　シグネチャ　→　不正アクセスと判定

アノマリー型

いつもと通信パターンが違う！

IDS、IPS　→　不正アクセスと判定

08　**WAF**

IDS や IPS を使うことで、DoS 攻撃のような明らかに不審な通信が発生する攻撃は防ぐことができます。しかし、IDS、IPS では通信の中身まではチェックしないため、クロスサイトスクリプティングや SQL インジェクションのような一見正常な通信に見えるものの、ユーザーから送信されてくるデータに悪意のあるデータが含まれる攻撃は防ぐことができません。

そのため、このような悪意のあるデータへの対策は Web アプリケーション側で行っておく必要がありますが、あらゆる攻撃の可能性を事前に予測して Web アプリケーションを開発することは非常に難しく、高度化する攻撃への対応も大変です。

そこで開発されたのが、やりとりされるパケットの中身を見て悪意のあるデータが含まれていないかをチェックする **WAF（Web Application Firewall）** です。

高機能であるぶんセキュリティ効果も高いですが、機器自体も高価であり、運用にも手間やコストがかかるため、本当に必要かどうかはよく検討する必要があります。

■ ネガティブセキュリティモデル

IDS のシグネチャ型と同じように、特定のパターンのデータを持つ通信を遮断します。遮断するデータのパターンは**拒否リスト**と呼ばれ、基本的には WAF の開発元が提供するものを利用することとなりますが、新たな攻撃手法が発見された場合は拒否リストにそのパターンが追加されるまでは対応できません。

■ ポジティブセキュリティモデル

ネガティブセキュリティモデルとは逆に、正常なデータのパターン（**許可リスト**）を登録しておき、それに適合する通信のみを通します。確実に正常と判断できる通信のみを通過させるため、非常に高いセキュリティが期待できます。

しかし、Web サイトへの正常な通信が誤って遮断されないようにすべての通信パターンをあらかじめ登録しておく必要があり、正確な許可リストの作成には専門的な知識が必要となります。専用の運用サービスの利用なども考慮する必要があり、WAF の運用にコストがかかってしまいがちです。

プラス1　現在は言い換えが進んでいますが、従来は拒否リストは「ブラックリスト」、許可リストは「ホワイトリスト」という呼び方が一般的でした。

● IDS、IPSで防げる攻撃・防げない攻撃

通信傾向が変わる攻撃は防げる

（DoS攻撃、ブルートフォース攻撃など）

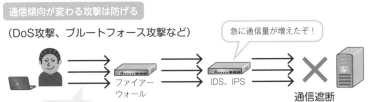

急に通信量が増えたぞ！

大量の通信　　ファイアーウォール　　IDS、IPS　　通信遮断

一見正常な通信に見える攻撃は防げない

（クロスサイトスクリプティング、SQLインジェクションなど）

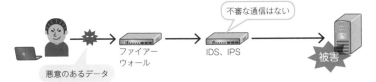

不審な通信はない

悪意のあるデータ　　ファイアーウォール　　IDS、IPS　　被害

● WAFは悪意のあるデータが含まれた通信を防ぐことができる

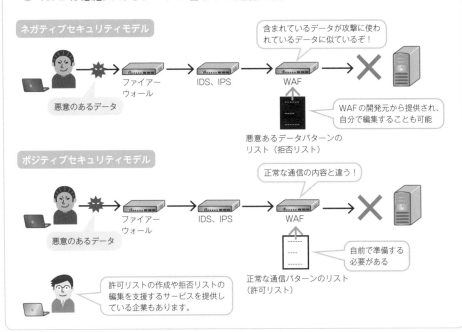

ネガティブセキュリティモデル

含まれているデータが攻撃に使われているデータに似ているぞ！

悪意のあるデータ　　ファイアーウォール　　IDS、IPS　　WAF

WAFの開発元から提供され、自分で編集することも可能

悪意あるデータパターンのリスト（拒否リスト）

ポジティブセキュリティモデル

正常な通信の内容と違う！

悪意のあるデータ　　ファイアーウォール　　IDS、IPS　　WAF

自前で準備する必要がある

正常な通信パターンのリスト（許可リスト）

許可リストの作成や拒否リストの編集を支援するサービスを提供している企業もあります。

6

Webのセキュリティと認証

関連用語　IDS／IPS ▶ P.152　SQLインジェクション ▶ P.146　クロスサイトスクリプティング ▶ P.146

09 プロキシサーバー

インターネットに面するコンピューターは第三者から攻撃を受ける可能性があります。その脅威への対策の1つが**プロキシサーバー**です。

プロキシ（Proxy）は「代理」という意味で、Webの世界ではWebサーバーへのリクエストを代理で送信する**フォワードプロキシ**とWebクライアントへのレスポンスを代理で送信する**リバースプロキシ**の2種類があります。一般的にプロキシサーバーというとフォワードプロキシを指すことが多いです。

▍ フォワードプロキシ

フォワードプロキシはWebクライアントからのリクエストを受け取り、Webクライアントの代わりにWebサーバーへリクエストを送ります。受け取ったレスポンスをWebクライアントへ渡すことで、Webクライアントからは自分が直接Webサーバーと通信しているように見えます。

フォワードプロキシには、レスポンスに含まれるファイルのウイルスチェック機能や特定のURLへの通信を遮断する機能（**Webフィルタリング**）といった機能を持たせることもでき、利用者がWebサイトを用いた攻撃による被害を防ぐ効果があります。また、Webサーバーへの接続記録がフォワードプロキシに記録されるので、セキュリティ要件以外でも通信の管理や監査といった理由で多くの企業に導入されています。

▍ リバースプロキシ

リバースプロキシはWebシステムの入り口に設置され、Webクライアントから受け取ったリクエストをWebサーバーへ転送します。Webサーバーからのレスポンスを受け取ると、それをそのままWebクライアントに返します。

直接Webサーバーにリクエストが届かないようにすることでWebサーバーを攻撃から守るという効果のほか、リクエスト元がパソコンであればパソコン用サイトに、スマートフォンであればスマートフォン用サイトに転送するなど、リクエストをサーバーに渡す前の前処理を行うこともできます。7-07節で紹介するロードバランサーもリバースプロキシの一種です。

プラス1 フォワードプロキシはWebクライアント利用者側によって運用・管理され、リバースプロキシはWebサーバー管理者によって運用・管理されます。

● フォワードプロキシ

フォワードプロキシは、Webクライアントからのリクエストを受け取り、Webクライアントの代わりにWebサーバーへリクエストを送ります。受け取ったレスポンスはWebクライアントに返されるので、プロキシサーバーの存在を意識することなくWebサーバーと通信ができます。

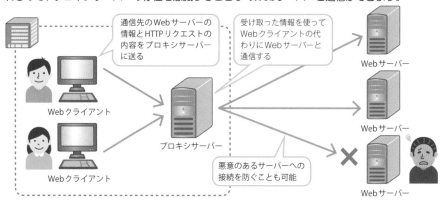

● リバースプロキシ

リバースプロキシは、Webサーバーの代わりにリクエストを受け取り、Webサーバーにリクエストを送ります。受け取ったレスポンスはWebサーバーの代わりにWebクライアントに返します。WebクライアントからはWebサーバーからレスポンスが返ってきているように見えます。

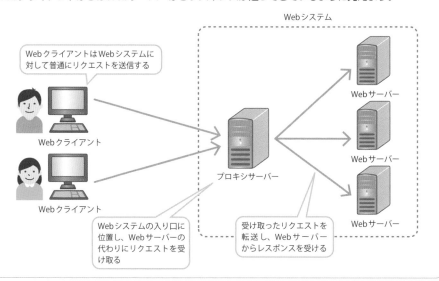

関連用語　アクセスログ ▶ P.192　ロードバランサー ▶ P.182

右余白（縦書き）：
6
Web のセキュリティと認証

10 暗号化

インターネットで公開される Web システムにおいて、**通信の盗聴**や**不正侵入**のリスクは常に考慮しておく必要があります。その対策となるのが、ここで説明する**暗号化**です。暗号化とは、元のデータ（**平文**）を暗号化の手段（**暗号化アルゴリズム**）で第三者が読み取れないデータ（**暗号文**）にすることです。受け取った暗号文を利用するために平文に戻すことを**復号**と呼びます。

通信経路での暗号化

ユーザーとのデータのやりとりの際、通信を盗聴されるとパスワードやクレジットカード情報のような機密情報が簡単に漏れてしまいます。通信経路自体を暗号化しておくと第三者に通信を盗聴されても内容が読み取られず、盗聴が成功した場合でも被害を出さないようにすることができます。

保存データの暗号化

サーバーへの不正侵入が成功してしまうと、攻撃者はサーバーの中の情報を簡単に取得できてしまいます。そのため、機密性の高いデータはサーバー内に保存する際も暗号化しておくと安全です。具体的には、Web アプリケーションがデータを保存する際に暗号化しておき、使うときはデータを復号してから利用します。

暗号化とは少し異なりますが、パスワードのように復号しなくとも正しいかどうかの比較にさえ利用できればよいものであれば、**ハッシュ化**して保存しておくことも1 つの対策です。

ハッシュ化とは、**ハッシュ関数**と呼ばれる計算式によって任意の長さの文字列を固定長の文字列（**ハッシュ値**）に変換することです。ハッシュ値の長さはハッシュ関数の種類によって異なります。同じハッシュ値を持つ別のデータを生成することは極めて難しいため、認証の際には送信されてきたパスワードのハッシュ値と保存されているハッシュ値を比較することでパスワードが正しいかどうかを判定できます。

また、ハッシュ値から元の文字列を割り出すことは非常に困難であり、万が一ハッシュ値を盗まれても元のパスワードが漏れることはありません。

プラス1 Web における通信経路の暗号化には通常 HTTPS が使われます。

● 通信経路の暗号化

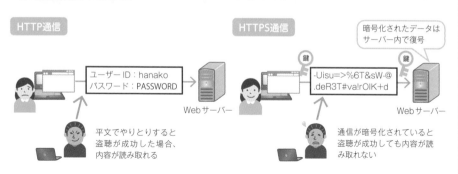

HTTP通信

ユーザー ID：hanako
パスワード：PASSWORD

Webサーバー

平文でやりとりすると
盗聴が成功した場合、
内容が読み取れる

HTTPS通信

暗号化されたデータは
サーバー内で復号

-Uisu=>%6T&sW-@
.deR3T#va!rOIK+d

Webサーバー

通信が暗号化されていると
盗聴が成功しても内容が読
み取れない

● 保存データの暗号化

データの登録

データの保存
（パスワードは暗号化）

Webサーバー

使うときは都度復号する

ユーザー ID：hanako
パスワード：OZRRVNQC

保存されたデータが暗号化されて
いると、不正侵入が成功しても正
しいパスワードは盗まれない

● ハッシュを利用したログイン処理

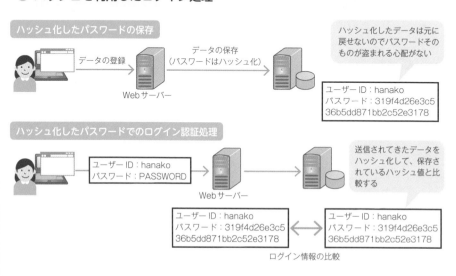

ハッシュ化したパスワードの保存

データの登録

データの保存
（パスワードはハッシュ化）

Webサーバー

ハッシュ化したデータは元に
戻せないのでパスワードその
ものが盗まれる心配がない

ユーザー ID：hanako
パスワード：319f4d26e3c5
36b5dd871bb2c52e3178

ハッシュ化したパスワードでのログイン認証処理

ユーザー ID：hanako
パスワード：PASSWORD

Webサーバー

送信されてきたデータを
ハッシュ化して、保存さ
れているハッシュ値と比
較する

ユーザー ID：hanako
パスワード：319f4d26e3c5
36b5dd871bb2c52e3178

ユーザー ID：hanako
パスワード：319f4d26e3c5
36b5dd871bb2c52e3178

ログイン情報の比較

6

Webのセキュリティと認証

関連
用語　HTTPS ▶ P.70　SSL/TLS ▶ P.70

11 公開鍵証明書

ネットバンキングやショッピングサイトのような Web サイトでは、個人情報やクレジットカード情報といった機密性の高い情報をやりとりする必要があります。

しかし、顔が見えない相手とのやりとりとなるため、ユーザーにとっては**アクセスしている Web サイトが本物であるかどうか**をどうやって確認するかが重要です。

やりとりの相手が本物であることを証明するものが**公開鍵証明書**です。SSL 通信の公開鍵の証明に使われることが多かったため、一般に **SSL 証明書**とも呼ばれます。

公開鍵証明書の役割は 2 つあります。1 つは **HTTPS 通信に使うための公開鍵の持ち主が誰なのかを証明すること**で、もう 1 つがその**公開鍵の持ち主が実在することを証明すること（実在証明）**です。公開鍵証明書は認証局と呼ばれる第三者機関から発行され、その認証局を信頼するユーザー全員から信頼されることとなります。

公開鍵証明書には有効期限があり、期限を超えて利用する場合は更新が必要となります。また、Web サイトの停止などで証明が不要となった場合は有効期限内であっても認証局が証明書を失効させることが可能です。

公開鍵証明書は偽造に強く、偽造されてもそれを検知できる作りとなっています。そのため、Web の世界では身分証明書のような役割を担っています。

■ 自己証明書

認証局から公開鍵証明書を発行してもらうためには、発行費用と審査のための時間がかかります。そのため、身内で試験的に公開鍵証明書を利用する場合は、自らを認証局とした公開鍵証明書を作成することができます。

もちろん一般的に信頼される認証局ではないため、インターネット上に公開するWeb サイトに利用しても一般ユーザーからは信用されず、限られた用途にしか使うことはできません。

自分で自分を証明することから、自己証明書は俗に「オレオレ証明書」とも呼ばれます。

プラス1 認証局自身の証明書を「ルート証明書」と呼びます。大手認証局のルート証明書はあらかじめそれらを信頼するように Web ブラウザに組み込まれています。

● 重要な情報の送信の前には相手が本物かどうかを確かめる必要がある

暗号化通信を使っても相手が偽物であれば意味がない

クレジットカード情報

鍵

暗号化通信

Webブラウザ

偽のショッピングサイト

● 公開鍵証明書

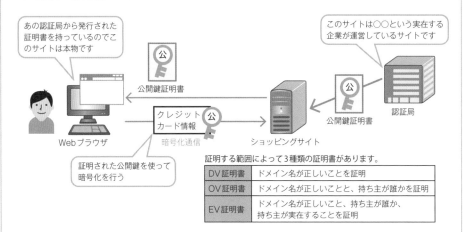

あの認証局から発行された証明書を持っているのでこのサイトは本物です

このサイトは○○という実在する企業が運営しているサイトです

公開鍵証明書

クレジットカード情報 公

暗号化通信

Webブラウザ

ショッピングサイト

公開鍵証明書

認証局

証明された公開鍵を使って暗号化を行う

証明する範囲によって3種類の証明書があります。

DV証明書	ドメイン名が正しいことを証明
OV証明書	ドメイン名が正しいことと、持ち主が誰かを証明
EV証明書	ドメイン名が正しいこと、持ち主が誰か、持ち主が実在することを証明

● 自己証明書は「暗号化通信ができること」だけを保証する

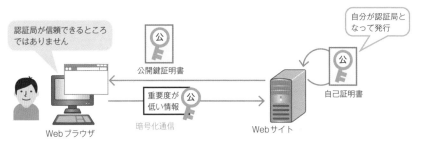

認証局が信頼できるところではありません

自分が認証局となって発行

公開鍵証明書

重要度が低い情報 公

自己証明書

暗号化通信

Webブラウザ

Webサイト

信頼できる認証局が発行した証明書ではないため警告が出るが、公開鍵を使った暗号化通信を行うことは可能

12 認証

　会員制サイトを利用する際は、あらかじめ与えられた ID を使ってログインを行い、本人確認ができればサービスを利用することができます。この本人確認処理を「**認証**」と呼びます。

　もともと認証の仕組みはそれぞれのサイトで独自に実装するもので、各サイトで利用者のアカウント情報を管理していました。そのため、ユーザーは各サイトでアカウントを作成する必要があり、利用するサイトの増加に伴い管理するアカウントの数が多くなります。一方、会員制サイトの運営者側としては、利用者の個人情報管理の負担が発生します。そこで Google や Facebook、Amazon などの**利用者が多い Web サービスが管理しているアカウント情報を利用して認証を行う技術**が開発されました。これにより、ユーザーは管理するアカウントの数を減らすことができるようになりました。また、サイト運営者は各社の提供する認証方式を利用するように Web アプリケーションを実装することで、個別に利用者の個人情報を管理する必要なく会員制サイトを運営できるようになりました。

▌認証 API

　認証処理を提供する側は、処理の仕組みを API として提供します。**認証 API** を利用するサイトは、認証を行う Web アプリケーションがユーザーを認証 API に誘導し、認証 API から認証結果の通知をもらうことで、ユーザーのログイン情報を扱うことなく認証処理を行えます。

　ただし、ユーザーが対象の認証 API 側にアカウントを持っていないと、この方式で認証することはできません。また、各社ごとに API の仕様が統一されていないため、Web アプリケーションを複数の認証 API に対応させるには手間がかかります。

▌OpenID

　認証 API の問題を解決するため、認証処理を標準化したプロトコルが $\overset{\text{オープンアイディー}}{\text{OpenID}}$ です。OpenID では複数の企業が提供する認証サービスを同じ手順で利用することが可能となります。

> **プラス 1** ログイン画面に「Google でログイン」や「Facebook でログイン」という選択肢があるサイトはここで紹介した認証 API や OpenID を利用しています。

● 認証

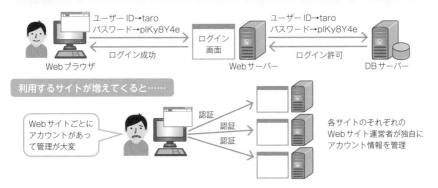

ユーザー ID→taro
パスワード→plKy8Y4e

ログイン成功

Web ブラウザ

ログイン
画面

ユーザー ID→taro
パスワード→plKy8Y4e

ログイン許可

Web サーバー

DB サーバー

利用するサイトが増えてくると……

Web サイトごとに
アカウントがあっ
て管理が大変

認証
認証
認証

各サイトのそれぞれの
Web サイト運営者が独自に
アカウント情報を管理

● 認証の仕組みを提供するサービスが登場

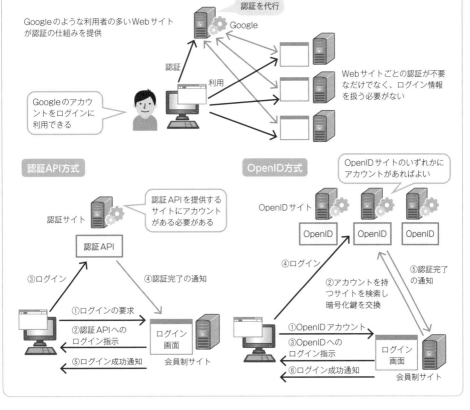

Google のような利用者の多い Web サイト
が認証の仕組みを提供

認証を代行
Google

認証

利用

Google のアカウ
ントをログインに
利用できる

Web サイトごとの認証が不要
なだけでなく、ログイン情報
を扱う必要がない

認証 API 方式

認証サイト

認証 API を提供する
サイトにアカウント
がある必要がある

認証 API

③ログイン

④認証完了の通知

①ログインの要求

②認証 API への
ログイン指示

⑤ログイン成功通知

ログイン
画面

会員制サイト

OpenID 方式

OpenID サイトのいずれかに
アカウントがあればよい

OpenID サイト

OpenID　OpenID　OpenID

④ログイン

⑤認証完了
の通知

②アカウントを持
つサイトを検索し
暗号化鍵を交換

①OpenID アカウント

③OpenID への
ログイン指示

⑥ログイン成功通知

ログイン
画面

会員制サイト

13 認可

認証によって確認した結果により、ユーザーごとの権限に従って利用できるサービスの許可を行うことを**「認可」**と呼びます。

例えばX(旧Twitter)において、「taro」というユーザーアカウントが認証されたとき、「taro」アカウント名義の投稿については編集および閲覧を許可し、そのほかのアカウントの投稿については閲覧のみを許可することが認可です。

また、X(旧Twitter)以外の第三者が提供しているスマホアプリやWebサイトから投稿を行うなど、サイトをまたいだ利用もあります。これにはサイトをまたいだ認可が必要であり、このような利用を実現するためにさまざまな方法が開発されています。

OAuth

OAuth（オーオース）はサイトをまたいだ認可を実現するために標準化されたプロトコルです。機能としては認可のみであり、認証は行いません。そのため、基本的に認証を行うほかのプロトコルと併用して使われます。利用したいサービスは**「リソース」**と呼ばれ、サービスを提供するサーバーがリソースサーバー、そのユーザーがリソースオーナー、認可を受けてリソースを利用するWebサイトやアプリをクライアントと呼びます。

クライアントがリソースを利用するときは、リソースオーナーに許可を要求し、許可が得られればリソースサーバーに許可が得られたことの報告と、リソースを利用するときの合言葉（**トークン**）の発行を依頼します。リソースサーバーは許可の正当性を確認したうえでトークンを発行し、クライアントは発行されたトークンを用いることでリソースを利用できるようになります。

OpenID Connect

OAuth2.0をベースに認証機能が追加されたプロトコルが**OpenID Connect**です。認証機能と認可機能が実現できるため、OAuthのように別途認証の方法を用意する必要がありません。OpenIDを利用していた多くのサイトが移行を進めています。

プラス1 OAuthの図の①の際には「Facebookにアカウントの利用を許可しますか？」のような確認画面が出るため、SNSの連携設定をしている方は見たことがあると思います。

● 認可

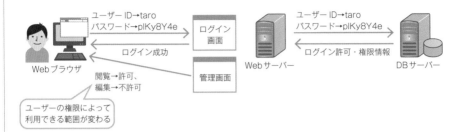

ユーザー ID→taro
パスワード→plKy8Y4e
ログイン成功

ログイン画面

管理画面

Webブラウザ

閲覧→許可、
編集→不許可

ユーザーの権限によって
利用できる範囲が変わる

ユーザー ID→taro
パスワード→plKy8Y4e
ログイン許可・権限情報

Webサーバー

DBサーバー

● サイトをまたいだ認可が必要な場合

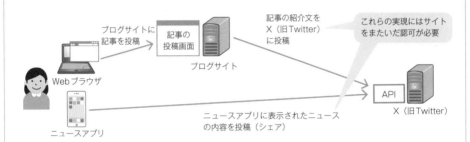

ブログサイトに
記事を投稿

記事の投稿画面

ブログサイト

Webブラウザ

ニュースアプリ

記事の紹介文を
X（旧Twitter）
に投稿

これらの実現にはサイト
をまたいだ認可が必要

API

X（旧Twitter）

ニュースアプリに表示されたニュース
の内容を投稿（シェア）

● OAuth

OAuthはサイトをまたいだ認可を行うプロトコルです。クライアントとなるサイトがリソース
オーナーの許可を受け、リソースサーバーのサイトのサービスを利用します。

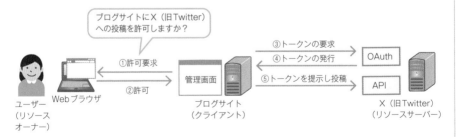

ブログサイトにX（旧Twitter）
への投稿を許可しますか？

①許可要求

②許可

ユーザー
（リソース
オーナー）

Webブラウザ

管理画面

ブログサイト
（クライアント）

③トークンの要求

④トークンの発行

⑤トークンを提示し投稿

OAuth

API

X（旧Twitter）
（リソースサーバー）

関連
用語　Web API ▶ P.134　認証 ▶ P.162

14 CAPTCHA

プログラムを使った悪用への対策

コンピューターやプログラミング技術の発展により、文字入力やクリックの動作をプログラムに行わせることでWebシステムを利用することも可能となっています。

しかし、Web投票システムにプログラムを使って大量に投票することで票数を操作したり、Webメールサービスにプログラムを使い大量にアカウントを作成して迷惑メールの送信に利用したりするなど、悪用するためにプログラムが用いられることがあります。

プログラムを用いたWebサービスの悪用を防ぐために考案されたものがCAPTCHA です。

CAPTCHA は「Completely Automated Public Turing Test To Tell Computers and Humans Apart」の略で、コンピューターと人間を区別するためのテストという意味です。

プログラムによって悪用される可能性のある操作の直前に「人間は容易に実施できるがプログラムでは困難な処理」をさせることで、一連の操作が人間の手によって実施されたことを確認します。

いろいろなパターン

「人間は容易に実施できるがプログラムでは困難な処理」として、代表的なものが「歪んだ文字の読み取り」です。いくつかの文字を並べて歪ませた画像を表示し、それを入力させた結果が画像の内容と合っていれば人間による処理であると判断します。

CAPTCHA には文字の読み取り以外にもいろいろなパターンがあり、「複数の画像から犬の画像のみを選択する」「パズルのピースをドラッグして正しい場所に移動させる」「簡単な数式を画像で表示し、答えを入力させる」などさまざまなバリエーションが考案されています。

プラス1 簡単なものであれば正しく回答する悪意のあるプログラムも開発されており、より複雑な処理を要求するCAPTCHA も登場するなど、いたちごっことなりつつあるのが現状です。

● プログラムを使ったWebシステムの悪用

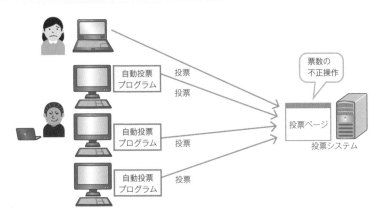

● CAPTCHAを用いた不正防止

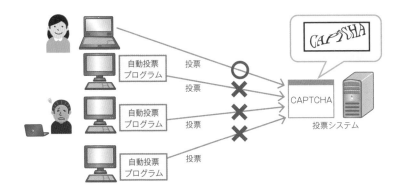

● いろいろなCAPTCHA

文字の読み取り

画像の選択

簡単なパズル

関連
用語　認証 ▶ P.162

セキュリティ対策は大変……

　Webシステムを運用する際に一番神経を使うのがセキュリティ対策です。昨今、不正アクセスによる個人情報漏えいなどで世間を騒がせていますが、もしかすると読者の中には被害の対象となった方もいらっしゃるかもしれません。

　個人情報が狙われる大きな理由はやはり「お金になるから」です。個人情報1件であれば大した価値ではありませんが（とはいうものの盗まれた本人からしたら気持ちの悪いものですが……）、何万件、何十万件ともなると、お金になる情報となります。個人情報が漏れた企業側からすれば、社会からの信用失墜や補償による損失なども発生してしまうため、Webシステムに関するセキュリティ対策は企業の存続にもかかわる重要な課題となっています。

　Webシステムに対する攻撃の多くが、Webシステムの脆弱性を狙った手法で、HTTPSで暗号化された通信内容を解読し盗聴するといった攻撃も存在します。

　セキュリティ対策にはWebシステムの運用担当者も頭を悩ませていますが、海外では今、脆弱性を取り巻く環境に変化があります。それは脆弱性発見者に報酬金を支払う制度が一般化してきていることです。例えばマイクロソフトでは、脆弱性の発見者に最高10万ドルを支払うことになっています。また脆弱性の発見を専門とする企業も出現しています。日本の一部企業でも報奨金を贈る制度を運用しており、あの手この手で脆弱性をいかに早く見つけるかに尽力しています。

　クラウドサービスなどの普及で自社のWebサイトなどを比較的簡単に公開できるようになり、実際に運用している方や、これから運用しようと考えている方も多いかと思いますが、セキュリティ対策をしないとサーバーが乗っ取られ、知らないうちに自分が攻撃者となってしまうケースもあります。Webシステムをインターネット上に公開することはセキュリティリスクがあることを認識し、責任を持って運用する必要があります。

Webシステムの
構築と運用

この章では、Web システムを構築・
運用する役割になったときに必要とな
る知識や考え方を取り上げます。
Web 技術は常に発展を続けています
が、ここで紹介する考え方は大きく変
わることはないでしょう。

01 提供するサービスの検討

　Web システムを構築するときは、最初にそこで提供するサービスの検討を行います。全体の概要から始めて最終的にアプリケーションの詳細な機能まで落とし込み、システム基盤に求める機能を洗い出します。具体的には、「**サービスの内容**」「**アプリケーションに必要な機能・デザイン**」「**システム基盤に必要な機能**」を順に検討していきます。

■ サービスの内容

　サービスの内容についての検討を行います。例えば、何を提供するサービスか、どんな人を対象としたサービスか、何を使ってアクセスするサービスか、どんなときに使うサービスかといったことを検討し、サービスの内容を具体化していきます。

■ アプリケーションに必要な機能・デザイン

　次にサービスの内容から必要となる機能を検討します。例えば、提供するサービスにおいてシステム内にデータを持つ必要があれば、データベースへデータを格納する機能やデータを検索する機能が必要となります。また、外部サービスと連携するサービスであれば API の実装が必要です。

　デザインについては、利用者やアクセスする端末によって検討を行います。例えば、比較的高齢のユーザーを対象としたサービスであれば文字が大きめなデザインにする必要がありますし、スマートフォン用のサービスであれば小さな画面内にうまく収まるような表示方法を考えなければいけません。

■ システム基盤に求められる機能

　アプリケーションに必要な機能が具体化すると、システム基盤に求められる機能が決まってきます。データベースが必要なシステムでは DB サーバーが必要となりますし、個人情報のような機密性の高いデータを持つサイトではセキュリティを高めるための機器を導入する必要が出てきます。また、24 時間 365 日サービスを提供するシステムでは機器を冗長化し、サービスの停止を防ぐ構成にしないといけません。

　プラス1　24 時間 365 日サービスを提供するシステムは俗に「24/365」（にーよんさんろくご）と呼ばれます。アメリカでは 24 時間週 7 日を指す「24/7」（Twenty four seven）です。

イメージでつかもう！

● サービスの内容の検討

何を提供するサービス？

ショッピング　SNS　情報共有　ニュースサイト　掲示板

どんな人を対象としたサービス？

男性　女性　社会人　高齢者　学生

何を使ってアクセスする？

ノートPC　スマホ、タブレット　デスクトップPC

どんなときに使うサービス？

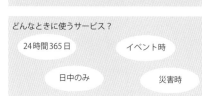

24時間365日　イベント時　日中のみ　災害時

● アプリケーションに必要な機能

データを管理する必要のあるサービスなら……

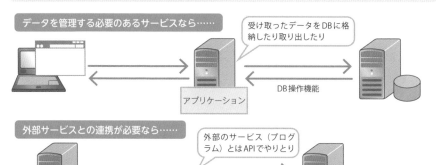

受け取ったデータをDBに格納したり取り出したり

DB操作機能

アプリケーション

外部サービスとの連携が必要なら……

外部のサービス（プログラム）とはAPIでやりとり

API

アプリケーション　外部サービス

● アプリケーションのデザイン

高齢者向け

大きめな文字サイズ

スマホ向け

小さな画面でも操作しやすいデザイン

7
Webシステムの構築と運用

関連用語　アプリケーション設計 ▶ P.188　データベース設計 ▶ P.186

171

02 利用言語、ソフトウェアの検討

提供するサービスの内容が決まったら、それを開発するためのプログラミング言語や動作させるために利用するソフトウェアを選定します。

プログラミング言語

Web アプリケーションで用いられているプログラミング言語は、主に JavaScript、Perl、Python、PHP、Ruby、Java、Visual Basic、C# などです。それぞれの言語には処理の得意不得意があり、対応しているフレームワークもそれぞれ異なります。開発するアプリケーションの特徴にあった言語を選定することが重要です。

サーバーのオペレーティングシステム（OS）

アプリケーションを動作させるサーバーの OS についても選定が必要です。基本的には **Windows か Linux** のどちらかを選択することになります。家庭向けで使われるパソコンの OS はほとんどが Windows であるため、サーバーでも同じように操作できる Windows を選択するということもありますが、Windows は普及率の高さから脆弱性が狙われやすくセキュリティ面での不安があるということ、また、ライセンス料が高額であるためサーバー数が多いとそのぶんコストが掛かることが問題点です。一方、Linux は操作性が Windows とは大きく異なるものの、無償または安価にライセンスを手に入れることが可能です。

ミドルウェア

OS とアプリケーションの中間に位置するプログラムを**ミドルウェア**と呼びます。Web サーバーや AP サーバー、DBMS などがこれに当たります。これらについても選定する必要がありますが、OS によって選択肢が絞られることがあります。

マイクロソフトの IIS や SQL Server は Windows 環境でしか利用することができません。しかし Windows との親和性が高いため、サーバー OS として Windows を選択した場合はこの IIS と SQL Server を利用することが多くなります。

プラス1 プログラム言語やソフトウェアの選定時には、機能・価格・メンテナンス性・利用実績などいろいろな観点で比較し、最も要件に適したものを選ぶことが大事です。

● Web開発でよく使われるプログラミング言語

JavaScript	・ブラウザ上でも動作するため、クライアントサイドで利用可能 ・サーバーサイドでも使われるケースが増えてきている ・機能がシンプルで動作が軽快
Java	・実行環境をインストールしないと動作させられない ・GUIも複雑な処理もできる
Visual Basic C#	・マイクロソフトのフレームワークであるASP.NETでよく用いられる ・GUIが得意
PHP	・HTML内に埋め込んで実行可能 ・広く使われており、ノウハウが多い
Perl Ruby Python	・文字列処理が得意 ・フレームワークが豊富 ・Linuxでは実行環境が標準装備、Windowsでは別途環境の構築が必要

ここでは似た特徴を
持つ言語をまとめて
紹介しています。

● Webのシステムでよく使われるオペレーティングシステム

Windows	・一般向けPCでも広く普及 ・GUIでの操作が基本 ・高価 ・脆弱性が狙われやすい
Linux	・Windowsと操作感は異なる ・CUIでの操作が基本 ・無償もしくは安価 ・マイクロソフト系のソフトウェアは使えないことが多い

● ミドルウェア（サーバーソフトウェア）

Webサーバー

Apache	・無償 ・Windows/Linuxで利用可 ・古くから利用されている
nginx	・有償でサポートを受けられる ・Windows/Linuxで利用可 ・機能がシンプルで動作が軽快
IIS	・Windowsに標準装備 ・Linuxでは使えない ・APサーバーの機能も持つ

APサーバー

Tomcat	・無償 ・Windows/Linuxで利用可 ・Apacheとの組み合わせでよく利用される
JBoss	・有償 ・Windows/Linuxで利用可
IIS	・Windowsに標準装備 ・Linuxでは使えない ・Webサーバーの機能も持つ

DBMS

Oracle	・高機能 ・かなり高価 ・Windows/Linuxで利用可
MySQL PostgreSQL SQLite	・シンプルな機能 ・無償 ・Windows/Linuxで利用可
SQL Server	・高機能 ・高価 ・Windowsで利用可

ミドルウェアには無償のもの
も多いですが、有償のものは
サポートが受けられるという
メリットがあります。

7

Webシステムの構築と運用

関連
用語　DBMS ▶ P.120　スクリプト言語 ▶ P.92

03 ネットワーク構成の検討

　Webシステムの構築は、どのような構成にするのかを検討することから始まります。Webシステムはネットワーク機器やサーバーといった機器と、それら同士をつなぐネットワークからなります。

　Webシステムの用途や要求されるセキュリティレベル、投入できるコストなどによって最適な構成は異なってきます。まずはそういった要素からネットワークの構成を検討することから始めます。

■ ネットワークの分割

　Webシステムを構成するネットワークは大きく3種類に分割します。1つめはインターネットに晒される**外部ネットワーク**、2つめはインターネットと隔離された**内部ネットワーク**、3つめは外部ネットワークと内部ネットワークの境界に位置し、外部ネットワークおよび内部ネットワーク両方からのアクセスを受け付けつつ、不正な通信を防ぐため内部ネットワークへの通信は最低限とする「**DMZ（DeMilitarized Zone）**」です。

　このようにネットワークを分割し、機密性の高い情報を持つDBサーバーなどを内部ネットワークに配置することによって、インターネットから直接重要なデータへアクセスされることを防ぐことができます。

■ ネットワーク機器の構成

　第6章でも触れましたが、インターネットからの接続があるシステムにおいて、攻撃を防ぐためにはファイアーウォールが必須となります。一方、IDS、IPS、WAFは高価なので、求められるセキュリティ要件によっては導入しないこともあります。例えば、個人情報を持たないシステムであれば、不正アクセスによる被害が少ないため高価なWAFなどを導入する必要性は低いといえます。一方、金融にかかわるシステムなど攻撃を受けた際の被害が甚大になるシステムなら、コスト増加を受け入れてでもWAFなどを導入し、被害を防ぐことを検討したほうがよいでしょう。また、冗長性を考慮してネットワーク機器を複数台ずつ設置することも検討します。

プラス1 高機能なネットワーク機器ほど高価で、かつメンテナンスも難しくなります。セキュリティの確保は大切ですが、本当に必要がどうかはよく検討しましょう。

● ネットワークの分割

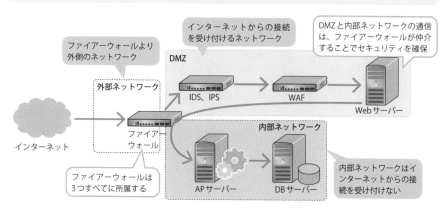

ファイアーウォールより外側のネットワーク

外部ネットワーク

インターネット

ファイアーウォール

インターネットからの接続を受け付けるネットワーク

DMZ

IDS、IPS

WAF

Web サーバー

DMZと内部ネットワークの通信は、ファイアーウォールが仲介することでセキュリティを確保

内部ネットワーク

ファイアーウォールは3つすべてに所属する

AP サーバー

DB サーバー

内部ネットワークはインターネットからの接続を受け付けない

● ネットワーク機器の構成

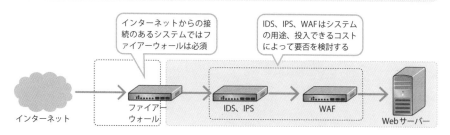

インターネットからの接続のあるシステムではファイアーウォールは必須

IDS、IPS、WAFはシステムの用途、投入できるコストによって要否を検討する

インターネット

ファイアーウォール

IDS、IPS

WAF

Web サーバー

耐障害性を高めるためには機器を複数配置し、冗長化構成とする

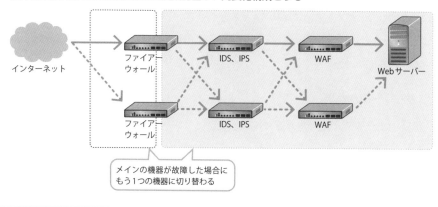

インターネット

ファイアーウォール

IDS、IPS

WAF

Web サーバー

ファイアーウォール

IDS、IPS

WAF

メインの機器が故障した場合にもう1つの機器に切り替わる

7

Web システムの構築と運用

04 サーバー構成の検討

　ネットワークの構成が決まれば、各ネットワークに配置するサーバーの構成の検討に入ります。各サーバーの役割を考慮し、どのサーバー機器で動作させるのか、サーバー機器の配置先のネットワークをどこにするのか、サーバーの冗長化を行うかどうかを中心に構成を検討します。

ロードバランサー

　Web サーバーを冗長化する際、システムに届くリクエストをどの Web サーバーに渡すかということを考える必要が出てきます。この振り分け作業を行うための機器が**ロードバランサー**です。ロードバランサーは Web サーバーよりインターネット寄りに配置し、配下となる Web サーバーを認識させます。クライアントからのリクエストはロードバランサーがいったんすべて受け取り、そのリクエストを配下の Web サーバーに均等に転送することで各 Web サーバーの負荷を平準化しつつ、リクエストを処理させます。Web サーバーからのレスポンスはいったんロードバランサーが受け取り、ロードバランサーからクライアントへ返送します。

配置先のネットワーク

　サーバー機器は DMZ もしくは内部ネットワークに配置します。セキュリティを高めるためには基本的にインターネットとの通信が発生しないサーバー機器はすべて内部ネットワークに配置し、インターネットとの通信が必要となるもののみを DMZ に配置します。

サーバーの構成

　構築するシステムの用途や要件によって、「コストを重視し、最低限のサーバー機器を配置する」「可用性を重視し、機器故障によるサービス停止を極力なくす」といった方針を決め、それに沿って構成を検討します。サーバー機器を減らすには、Web サーバーと AP サーバーを 1 つのサーバー機器で動作させるなどの構成も検討します。

プラス 1 　基本的にサーバーが多いほど可用性は高くなります。ただし、管理すべきサーバーの台数が多くなるのでそのぶん運用の負荷が高くなります。

● サーバー構成の検討

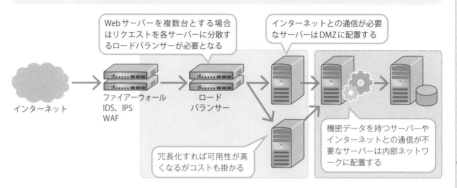

Webサーバーを複数台とする場合はリクエストを各サーバーに分散するロードバランサーが必要となる

インターネットとの通信が必要なサーバーはDMZに配置する

冗長化すれば可用性が高くなるがコストも掛かる

機密データを持つサーバーやインターネットとの通信が不要なサーバーは内部ネットワークに配置する

7

Webシステムの構築と運用

● コストを抑えたサーバー構成の例

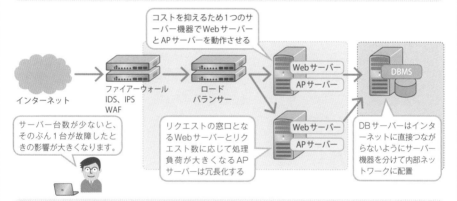

コストを抑えるため1つのサーバー機器でWebサーバーとAPサーバーを動作させる

サーバー台数が少ないと、そのぶん1台が故障したときの影響が大きくなります。

リクエストの窓口となるWebサーバーとリクエスト数に応じて処理負荷が大きくなるAPサーバーは冗長化する

DBサーバーはインターネットに直接つながらないようにサーバー機器を分けて内部ネットワークに配置

● 可用性を重視したサーバー構成の例

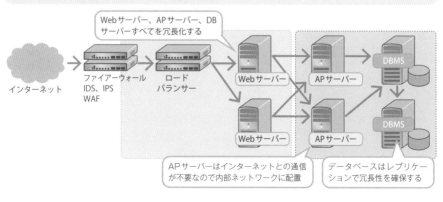

Webサーバー、APサーバー、DBサーバーすべてを冗長化する

APサーバーはインターネットとの通信が不要なので内部ネットワークに配置

データベースはレプリケーションで冗長性を確保する

05 サーバー基盤の検討

実際に Web システムを構築するときに考慮すべきこととして、サーバーなどの機器をどのように調達するかが挙げられます。具体的には、大きく分けて**自分で機器を購入するか、誰かから借りるか**のどちらかとなります。

■ オンプレミス

オンプレミスとは「自社運用」を指す言葉で、自分で機器を購入して利用する方法です。オンプレミスでシステムを構築する場合は自分で好きなように機器の構成を組むことができ、構成の自由度が非常に高くなります。また、システムのデータも自分の所有するサーバー内に存在することになるため、個人情報などの機密性の高いデータを他者の管理するサーバーに預けることの不安がないというメリットがあります。一方、自分で機器を管理する必要があるため運用の手間がかかり、機器の運用知識も必要となります。また、サーバー機器は高価であり、それらの置き場所も確保する必要があるため、初期投資が非常に大きくなってしまいます。

■ レンタルサーバー

他者が構築し、貸し出しているサーバー（**レンタルサーバー**）を間借りして、そこに Web アプリケーションを配置することも可能です。他者によってすでに構築・運用されているサーバーを利用するため、構築や運用の手間がなく、機器の置き場所も自分で確保する必要がありません。しかし、すでに完成している構成を変更することはできないため、構成の自由度はほとんどありません。

■ クラウド

他者が提供する仮想的なサーバーを設置できる環境（**クラウド**）の中にサーバーを設置して利用する方法は、現在では主流となっています。機器の購入や設置場所の確保が不要でありながら、レンタルサーバーと異なり自分専用のサーバーとして利用することができるため、自由な構成が可能です。基本的にサーバーのスペックと利用時間に応じて費用が発生するため、手軽に使い始めることができます。

プラス 1 ▶ クラウドでは必要なときだけ自動的にサーバー台数を増やすことができ、急なアクセスの増加に耐えやすいため、Web システムに適しているといえます。

● オンプレミス

設置場所の確保や機器の購入など、掛かる費用は大きいですが、構成の自由度はかなり高いです。安価でそれなりの自由度があるクラウドの登場により徐々に少なくなっているのが実情です。

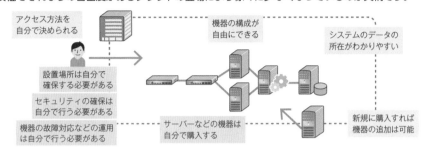

● レンタルサーバー

費用が安く、運用の手間が少ないので個人での利用に向いています。半面、構成の自由度はほぼないため、企業で利用されることはあまりありません。

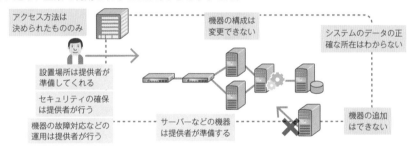

● クラウド

使ったぶんだけ利用料が掛かるという課金体系で気軽に使い始めることができ、企業・個人にかかわらずよく採用されています。また、構成の自由度が高いのも魅力です。

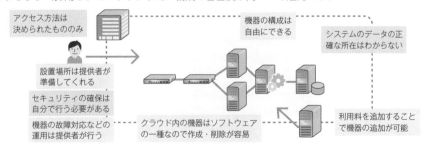

7

Web システムの構築と運用

06 クラウドサービス

クラウドはサーバーとしての機能だけでなく、さまざまなサービスとして提供されおり、いくつかのサービスの形態に分類されます。Web システムの開発においてクラウドサービスを利用する場合にはそれぞれの特性を理解し、アプリケーションの要件に合ったクラウドサービスを選ぶ必要があります。

IaaS

IaaS とは「Infrastructure as a Service」の略称で、サーバーやネットワークなど Web システムを構築するうえで必要な基盤（インフラストラクチャー）を仮想的に提供するクラウドサービスです。開発者はサーバーの OS やミドルウェアのインストール、ネットワークの設定などを自分たちで行えるので、自由度が高くシステムを構築することができます。

PaaS

PaaS とは「Platform as a Service」の略称で、アプリケーションの開発や実行に必要なプラットフォームを提供するクラウドサービスです。具体的にはアプリケーションサーバーや DB サーバーなどがサービスとして提供されます。OS やミドルウェアが設定された状態で提供されるので、開発者は PaaS を利用することでアプリケーションの開発や実行に必要な環境を素早く準備することができます。また OS やミドルウェアの更新などの管理もクラウド事業者が行うため、開発者はアプリケーションの開発に集中できます。

SaaS

SaaS とは「Software as a Service」の略称で、ソフトウェアやアプリケーションそのものをクラウド事業者が提供するクラウドサービスです。メールサービスやオンラインストレージサービスなど、企業だけでなく個人でも利用するさまざまなサービスが存在します。SaaS は API として提供される場合もあり、Web システム開発において一部機能だけを SaaS で補うこともできます。

プラス1　クラウドというと AWS や Azure、Google Cloud といった Web システムを動かすための IaaS や PaaS を提供するサービスを指されがちですが、Gmail や Dropbox といった SaaS もクラウドサービスの一種です。

● クラウドサービスの特徴

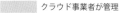
　クラウド事業者が管理　　　ユーザーが管理

IaaS	PaaS	SaaS
アプリケーション	アプリケーション	アプリケーション
ミドルウェア	ミドルウェア	ミドルウェア
OS	OS	OS
サーバー・ネットワーク	サーバー・ネットワーク	サーバー・ネットワーク

← 大 ――――――――― 自由度／運用負担 ――――――――― 小 →

IaaS は自由度が高い半面、自分たちでOS やミドルウェアを管理する必要があり運用負担が高くなります。

PaaS やSaaS はクラウド事業者が管理する範囲が広くなるため運用負担は下がりますが、自由度は低くなります。

クラウドサービスはそれぞれメリット、デメリットがあり、それぞれの特性を理解して選択する必要があります。場合によっては複数のサービスを組み合わせることでそれぞれのメリットを生かすこともできます。

	IaaS	PaaS	SaaS
メリット	・設備やハードウェアの調達が不要 ・環境構築の自由度が高い	・ミドルウェアの導入などが不要で開発工数を削減できる ・アプリケーション開発に集中できる ・サーバーやミドルウェアの管理が不要	・アプリケーションの開発が不要で導入コストが安い ・システムの管理が不要
デメリット	・サーバーやミドルウェアなどの専門知識が必要 ・運用負担が大きい	・利用できるミドルウェアやバージョンに制限がある ・IaaS と比較してカスタマイズの自由度が低い	・提供されるサービスや機能しか利用できない ・カスタマイズの自由度が低い

関連用語　API ▶ P.134　アプリケーションに必要な機能 ▶ P.170　サーバーの OS ▶ P.172
システム基盤に求められる機能 ▶ P.170　ミドルウェア ▶ P.172

07 負荷分散

　サーバーを複数台並列に配置し、リクエストを振り分けて並行で実行させることで各サーバーの負荷を軽減する方法を**負荷分散**と呼びます。負荷分散を行うことでサーバーごとの処理量が減るため、各サーバーの性能が低くてもシステム全体では多くのアクセスを処理できるようになります。また、複数のサーバーで同じ処理を実行するため、いくつかのサーバーが故障しても1つでもその役割を担うサーバーが残っていればサービスが継続できるという冗長化の効果もあります。

　負荷分散は**ロードバランサー**が行いますが、Apacheなどのソフトウェアにもロードバランサーの機能を持つものがあります。また、負荷分散の方法にはいくつかの方式があり、機器やソフトウェアによって実行できる手法が異なります。

ラウンドロビン方式

　各サーバーに順番にリクエストを割り振る方式です。各リクエストの処理の複雑さが同程度で、かつ各サーバーの処理能力が同じである場合に有効です。ただしリクエストの処理の複雑さにばらつきがある場合は、サーバー負荷の偏りが大きくなってしまいます。

動的分散方式

　サーバーの負荷を監視し、負荷が少ないサーバーに優先してリクエストを振り分ける方式です。「サーバーの負荷」としてはCPU使用率やメモリ使用量、ストレージ負荷、コネクション数などが用いられます。

パーシステンス

　負荷分散を行うと同じクライアントからのアクセスでも毎回振り分けられるサーバーが異なるため、ログインして利用するようなサイトではセッション情報を管理することが難しくなります。そこで、同一クライアントからのアクセスを判別し、常に同じサーバーへ転送する機能が開発されました。これを**パーシステンス**と呼びます。

プラス1 　負荷分散はWebサーバーだけでなくAPサーバーに使われることもあります。

● Webシステムの負荷を分散する3つの方式

Webシステムにおける負荷分散では、ロードバランサーでリクエストを各Webサーバーに分散し、個々のサーバー機器の負担を軽減します。1つのサーバーが故障しても、ほかのサーバーが稼働していれば全体としてはサービスの継続が可能になります。

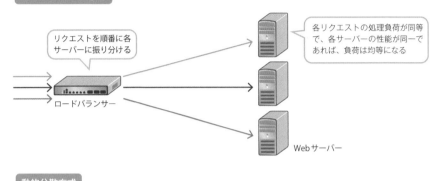

ラウンドロビン方式

リクエストを順番に各サーバーに振り分ける

ロードバランサー

Webサーバー

各リクエストの処理負荷が同等で、各サーバーの性能が同一であれば、負荷は均等になる

7

Webシステムの構築と運用

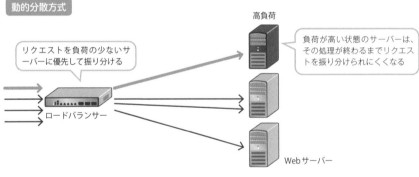

動的分散方式

リクエストを負荷の少ないサーバーに優先して振り分ける

ロードバランサー

高負荷

Webサーバー

負荷が高い状態のサーバーは、その処理が終わるまでリクエストを振り分けられにくくなる

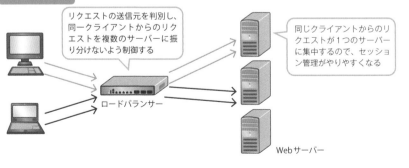

パーシステンス

リクエストの送信元を判別し、同一クライアントからのリクエストを複数のサーバーに振り分けないよう制御する

ロードバランサー

Webサーバー

同じクライアントからのリクエストが1つのサーバーに集中するので、セッション管理がやりやすくなる

関連用語　Web サーバー ▶ P.114　冗長化 ▶ P.114　ロードバランサー ▶ P.176

08 サーバー設計・構築

Webシステムで利用されるサーバーは、WebサーバーやAPサーバーなど、システム内で割り当てられた役割を実行するだけではなく、個々のサーバーとして耐障害性やセキュリティを考慮した設計となっている必要があります。

■ ストレージ構成

ストレージとは、ハードディスクやSSDといったサーバーの記憶領域を指します。データベースやバックアップ用のデータなど、**重要なデータはサーバーのシステムデータと別のストレージに保管しておく**ことで、何らかの理由でサーバーのシステムデータが格納されたストレージが破損してしまった場合でも重要なデータを守れます。ストレージが複数確保できない場合は1つのストレージを内部で分割する**パーティショニング**という方法も用いられます。

■ セキュリティ

OSをインストールすると、基本的な機能やログインユーザーが初期設定として設定されています。しかし、そのような機能やユーザーを使わない場合は、悪意のある人間に利用されないように機能を停止したり、ユーザーを削除しておくことが望ましいです。例えば古いバージョンのOracleデータベースの製品では、「scott」という管理者権限を持つユーザーが自動的に設定されていました。このユーザーのパスワードは「tiger」という固定かつ簡単な文字列であったため、悪用のターゲットとなりがちでした。

■ システム基盤テスト

サーバーの構築が完了したら、最後にサーバーの設定が正しく行われているかテストします。具体的には、設定ファイルが正しく記載されていることや、削除したユーザーでのログインができないこと、ミドルウェアの動作確認、再起動時に必要なプログラムが正しく起動するかといった内容を確認します。

● ストレージ構成の検討

ストレージ1
システムデータ — OSやミドルウェアの持つサーバーの動作に必要なデータ

データベース — Webシステムが動作するための重要なデータ
ストレージ2

ストレージを分けておけば、ストレージ1が破損した場合も重要なデータは守られる（ストレージ2を別のサーバーに接続すれば利用可能）

システムデータ　データベース
ストレージ1-1　ストレージ1-2
ストレージ1

ストレージが1つしかない場合も内部的に分割することは可能（パーティショニング）

ストレージ1が物理的に破損した場合はどうしようもないが、ストレージ1-2内のデータ構造がおかしくなってしまった場合にストレージ1-1に影響が出ることを防ぐことができる

● 初期設定の機能やユーザーを見直す

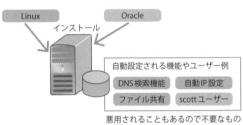

Linux　　　Oracle
インストール

自動設定される機能やユーザー例
DNS検索機能　　自動IP設定
ファイル共有　　scottユーザー

悪用されることもあるので不要なものは停止・削除すべき

Oracleデータベースに初期設定で追加されている「scott/tiger」は、2010年ごろまでのエンジニアの間では世界共通認識でした。

● システム基盤テストを実施する

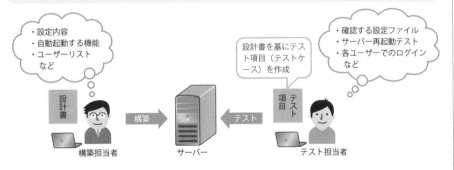

・設定内容
・自動起動する機能
・ユーザーリスト
など

設計書を基にテスト項目（テストケース）を作成

・確認する設定ファイル
・サーバー再起動テスト
・各ユーザーでのログイン
など

設計書　構築担当者　　構築　→　サーバー　←　テスト　　テスト項目　テスト担当者

厳密なチェックのためには、構築担当者とテスト担当者は同一人物とならないことが望ましい

関連用語　冗長化 ▶ P.114　脆弱性診断 ▶ P.196

7
Webシステムの構築と運用

09 データベース設計

データベースの設計は、論理設計と物理設計の大きく 2 つの段階に分けられます。

■ 論理設計

論理設計の段階では、データベースに格納すべきデータの洗い出しとそのデータ同士の関連性を定義します。

ショッピングサイトを例にすると、まず格納すべきデータの対象には「商品」「在庫」「注文」「顧客」といったものが挙げられます。その後、データ同士の関連性や多重度を検討します。例えば、顧客と注文には関連があり、1 つの顧客に対し 0 または複数の注文情報が結び付く構成となるはずです。そして注文は商品と関連を持ち、1 つの注文に対して 1 つ以上の複数の商品が結び付く構成となります。さらに格納すべきデータとして、商品情報であれば「商品名」や「価格」などのさらに細かい情報があります。こういった情報を図にし、格納すべきデータの抜け漏れがないように洗い出しを行います。洗い出したデータをさらに重複のないように整理したものを、格納すべきデータとし、物理設計に進みます。

■ 物理設計

論理設計で定義されたデータを実際のデータベース内にどのように格納するかを決めるのが**物理設計**です。具体的には「そのデータは文字列か数値か」、文字列であれば「何文字の文字列か」、数値であれば「整数か小数か」といった、データをどのような種類のものとして格納するかといったことや、頻繁に検索の対象となるデータについてはデータベースの機能であらかじめインデックスを付けて検索速度が速くなるように設定しておくといったことを検討します。

また、データベース自体の設定となる「文字列の文字コードは何にするか」「データベースに割り当てるストレージ領域はどのくらいの大きさにするか」といった項目についてもここで検討します。

プラス1 上記のデータの整理のことを「正規化」といいます。正規化された形は「正規形」と呼ばれ、整理のレベルによって第 1 から第 5 までの正規形が定義されています。

イメージでつかもう！

● データベースの論理設計

ショッピングサイトを例にすると……

格納すべきデータの洗い出し

| 商品 | 在庫 | 注文 | 顧客 | など……

データベースに格納すべきデータのことを「エンティティ」と呼びます。

データの関連（リレーション）と多重度

顧客 1 ── 0..* 注文

1人の顧客が複数注文することもあるので
1対多（0以上）の対応となる

注文 1 ── 1..* 商品

1つの注文には1つ以上の商品が含まれているので
1対多（1以上）の対応となる

詳細な情報の洗い出し

商品	在庫	注文
・商品ID	・商品ID	・注文ID
・商品名	・商品名	・注文内容
・価格	・在庫数	・顧客ID

エンティティに属する詳細な情報は「属性」と呼ばれる

データの整理

商品	在庫	注文	→ 注文明細
・商品ID	・商品ID	・注文ID	・注文ID
・商品名	~~・商品名~~	~~・注文内容~~	・商品ID
・価格	・在庫数	・顧客ID	・注文数

データの重複をなくし、エンティティの単位を分割する（エンティティはできるだけ最小単位になるよう分割）

● データベースの物理設計

データ型の検討

商品
・商品ID
・商品名
・価格

どんな形式（データ型）でデータを格納するか
商品ID　→　8桁の文字列
商品名　→　1～50桁までの文字列
価格　　→　10桁までの整数

索引の作成

在庫
・商品ID
・在庫数
(INDEX)

頻繁に検索されるデータにはデータベース索引（インデックス）を生成するように設定しておくと検索速度が向上する

文字コード、ストレージ領域

データベース自体での文字コードは何にするか
→正しく設定しないと文字化けの原因になる
割り当てるストレージ領域のサイズはどれくらいか
→少なすぎるとデータが格納しきれなくなることも

7
Webシステムの構築と運用

10 アプリケーション設計

アプリケーションの設計は、提供するサービスの内容から基本設計、詳細設計を行い、その設計内容をもとにプログラミングを行います。

基本設計

基本設計では、提供したいサービスを実現するためにアプリケーションがどういった動作をするのかを設計します。具体的には、アプリケーションの持つ機能の一覧やアプリケーションの構成図、画面レイアウトなどを検討します。ざっくりとした言い方をすれば、アプリケーションの表面的な部分の設計となります。そのため基本設計は外部設計とも呼ばれます。

基本設計がしっかりできていないと詳細設計の段階で設計に矛盾が見つかったり、必要な機能が抜け落ちる原因となるため、アプリケーションの設計において根幹となる部分であるといえます。

詳細設計

基本設計の内容を実現するためには具体的にどのようなモジュールを作成すればよいかを検討し、設計するのが詳細設計です。具体的にはモジュールの処理内容、モジュール間の連携方法、画面の遷移フローを検討します。アプリケーションの内部構造の設計となるため、詳細設計は内部設計とも呼ばれます。

この詳細設計をもとにアプリケーションのプログラミングが行われます。

テスト

プログラミングが完了したら、サーバーの構築時と同様にアプリケーションのテストを行います。まずは詳細設計のとおりにモジュールが作られているかを確認するため、モジュールごとにテストを実施します。このテストを単体テストと呼びます。問題がなければモジュール同士がうまく連携し、基本設計のとおりに動くかを確認するテストを実施します。このテストを連結テストと呼びます。これらのテストをクリアすることで、設計どおりのアプリケーションが完成したことが確認できます。

● アプリケーションの基本設計

ショッピングサイトを例にすると……

機能の洗い出し

顧客 → 注文 / 決済 → ショッピングサイト ← 商品管理 / 在庫管理 ← 管理者

ほかにも「ユーザー登録」「予約」「顧客管理」など、どこまで実現するかを考えます。

アプリケーションの構成

ショッピングサイト：リクエスト処理 / 画面表示 / 注文登録 / 在庫引当 / ログイン / 決済処理

アプリケーションを構成するプログラムを「モジュール」と呼ぶ

● アプリケーションの詳細設計

モジュールの処理内容、連携方法

ログインモジュールの詳細設計書		画面表示モジュールの詳細設計書
①DBからユーザー情報を検索し、ユーザー名に対応するパスワードを取得 ②送信されてきたパスワードと①の結果を照合 ③照合結果によりログインの成否を判断し、成功なら「1」、失敗なら「0」を送信	1または0 →	ログイン画面モジュールから1を受信したらログイン成功画面、0を受信したらログイン失敗画面を表示

● アプリケーションのテスト

単体テスト

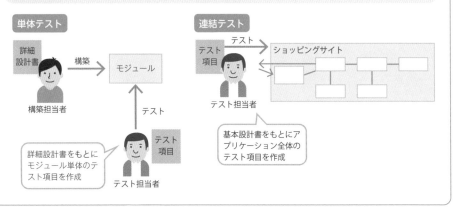

詳細設計書 → 構築 → モジュール

構築担当者

テスト

詳細設計書をもとにモジュール単体のテスト項目を作成

テスト項目

テスト担当者

連結テスト

テスト項目 → テスト → ショッピングサイト

テスト担当者

基本設計書をもとにアプリケーション全体のテスト項目を作成

関連用語　Web アプリケーション ▶ P.108

7 Web システムの構築と運用

11 バックアップ運用

Webシステムにおいてサービスの提供に最も大事なものは、データベースやWebアプリケーション、コンテンツといったシステムを構成する**データ**です。

例えば、冗長化していないDBサーバーが故障してしまったとします。サーバー機器自体は修理すれば復旧できますが、故障の際にサーバー内のデータベースが消えてしまった場合、そのデータを復旧することはできず、サービスを再開できません。サーバーを冗長化していたとしても、サーバーを設置している建物（データセンター）の火事などの災害で、冗長化しているサーバーがすべて故障することも十分に考えられます。

システムを構成するデータを複製して保管（**バックアップ**）しておけば、データの消失などの問題が発生した場合にその複製されたデータを利用することで、内容は複製された時点に戻ってしまうものの、サービスを再開できるようになります。このためのデータの複製を**バックアップデータ**と呼び、バックアップデータの取得や不要となった古いバックアップデータの削除などの作業を**バックアップ運用**と呼びます。

バックアップの方法

バックアップの対象はアプリケーションやコンテンツのようなファイルとデータベースの中身です。 ファイルはそのままコピーしておくことでバックアップできます。データベースの中身はDBMSの機能を使ってバックアップできます。バックアップはサーバーの故障に備えるためのものなので、基本的に別のサーバー機器にバックアップデータを保管します。データセンターの被災に備える場合は、別のデータセンターにあるサーバーへ保管します。

バックアップの頻度・世代

データをバックアップから復旧する場合、データはバックアップ取得時点の状態に戻ってしまいます。復旧時にできるだけ障害時点の状態に戻すには、頻繁にバックアップを取得する必要があります。また、頻繁に更新されるようなデータは適切な状態に戻すために、過去のバックアップを何世代か保管しておくことが望ましいです。

プラス1 オンプレミスで運用するシステムのバックアップをクラウドのサーバーに保管するという手段も、データセンター被災への対策として有効です。

● Webシステムの持つデータと起こりうる障害

Webシステムの持つデータ

アプリ
ケーション

コンテンツ

Webサービ
スの実体

Webサーバー、
APサーバー

データ
ベース

会員情報などの蓄
積されたデータ

DBサーバー

起こりうるデータ障害

7

Webシステムの構築と運用

サーバーの故障に
よるデータ消失

不正アクセスによるデータ改ざん

データセンターの被災

● データ復旧の手順

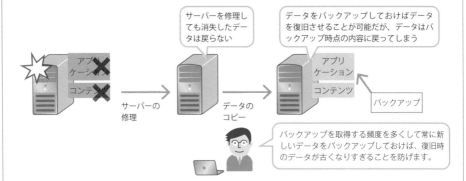

サーバーを修理し
ても消失したデー
タは戻らない

データをバックアップしておけばデータ
を復旧させることが可能だが、データはバ
ックアップ時点の内容に戻ってしまう

サーバーの
修理

データの
コピー

アプリ
ケーション

コンテンツ

バックアップ

バックアップを取得する頻度を多くして常に新
しいデータをバックアップしておけば、復旧時
のデータが古くなりすぎることを防げます。

不正アクセスによってデータ改ざんが起こった場合、最新のバックアップデータが使えない場合もある。

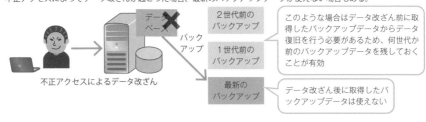

不正アクセスによるデータ改ざん

バック
アップ

2世代前の
バックアップ

1世代前の
バックアップ

最新の
バックアップ

このような場合はデータ改ざん前に取
得したバックアップデータからデータ
復旧を行う必要があるため、何世代か
前のバックアップデータを残しておく
ことが有効

データ改ざん後に取得したバ
ックアップデータは使えない

関連
用語　冗長化 ▶ P.114　不正アクセス ▶ P.140

12 ログ運用

　Webシステムに限った話ではありませんが、サーバーやネットワーク機器は動作中の状態の変化や自分の行った処理をテキストファイルに記録しています。このテキストファイルは**ログファイル**と呼ばれます。ログファイルにはいろいろな種類があり、OSが発生したイベントやエラーを記録する「**システムログ**」、ミドルウェアなどのアプリケーションが動作履歴を記録する「**アプリケーションログ**」、Webサーバーなどが受けたリクエストを記録する「**アクセスログ**」などがあります。ログファイルからは機器故障の原因やバグの要因、サイバー攻撃の形跡など有益な情報が読み取れるため、重要な証跡としてバックアップ運用の対象とされることもあります。

　ログファイルはどんどん追記されていくため、何もしないと膨大なサイズになってしまい、可読性が低下し、ストレージの容量を圧迫します。適当なタイミングで別のファイルに切り分けたり、古いものを削除したりする必要があります。こういったログファイルのメンテナンスを、**ログ運用**や**ログメンテナンス**と呼びます。

■ ログローテーション

　ログファイルを切り分け、別のファイルとして保存することでログの可読性を確保します。基本的に1日単位、1週間単位、1月単位のように切りのよい時間単位で切り分けられることが多いですが、ログの量が多い場合は100MBごとのようにログファイルが一定のサイズに達したときに切り分けることもあります。また、古いログファイルを削除してストレージの容量を圧迫しないようにします。ログローテーションは**ハウスキープ**とも呼ばれます。

■ アクセスログ解析

　Webサーバーのアクセスログにはユーザーのアクセスしてきた日時やどのページにアクセスしてきたかといった情報が記録されるため、有効に使えばサービスの向上や売り上げ増加につなげられます。アクセスログを解析して参考となる情報を得ることを**アクセスログ解析**といいます。ApacheLogViewerやVisitorsといったアクセスログ解析用のソフトも開発されています。

● ログファイルには重要な情報が詰まっている

システムログ
2024/11/12 12:30:03　LANケーブルが切断されました
2024/11/12 12:40:21　LANケーブルが接続されました
2024/11/18 09:35:55　ストレージでエラーが検知されました
2024/11/18 09:35:58　ストレージのエラーを修復しました
2024/11/21 23:11:09　rootユーザーがログインに失敗しました

> OSのイベントや検知したエラー

アプリケーションログ
2024/11/12 12:30:46　データベースとの接続に失敗しました
2024/11/12 12:35:46　データベースとの接続に失敗しました
2024/11/12 12:40:46　データベースとの接続に成功しました
2024/11/12 12:42:28　データベースにユーザーtakashiを登録しました

> アプリケーションの動作記録

アクセスログ
2024/11/20 10:42:46　61.178,200,12 GET / HTTP/1.1 200 44 Mozilla/4.0 Windows
2024/11/12 10:42:52　61.178,200,12 GET /photop HTTP/1.1 404 210 Mozilla/4.0 Windows
2024/11/12 10:43:08　61.178,200,12 GET /photo HTTP/1.1 200 50 Mozilla/4.0 Windows
2024/11/12 10:48:12　32.199,13,122 GET / HTTP/1.1 200 42 Mozilla/5.0 iPhone OS
2024/11/12 10:48:12　54.20,231,201 GET / HTTP/1.1 200 44 Opera/9.10 Nintendo Wii U
2024/11/12 10:48:12　32.199,13,122 GET /photo/12.jpg HTTP/1.1 200 42 Mozilla/5.0 iPhone OS

> 受けたリクエストや送信元IPアドレス、レスポンス、ブラウザ情報など

● ログローテーション

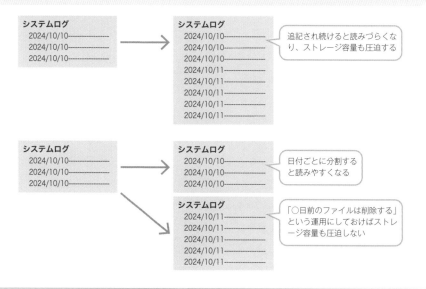

システムログ
2024/10/10------------
2024/10/10------------
2024/10/10------------

システムログ
2024/10/10------------
2024/10/10------------
2024/10/10------------
2024/10/11------------
2024/10/11------------
2024/10/11------------
2024/10/11------------
2024/10/11------------

> 追記され続けると読みづらくなり、ストレージ容量も圧迫する

システムログ
2024/10/10------------
2024/10/10------------
2024/10/10------------

システムログ
2024/10/10------------
2024/10/10------------
2024/10/10------------

> 日付ごとに分割すると読みやすくなる

システムログ
2024/10/11------------
2024/10/11------------
2024/10/11------------
2024/10/11------------
2024/10/11------------

> 「○日前のファイルは削除する」という運用にしておけばストレージ容量も圧迫しない

7
Webシステムの構築と運用

関連用語　パフォーマンス監視 ▶ P.194

13 Webサイトのパフォーマンス

　Webシステムは利用者が多くなると受けるリクエストが増え、レスポンスの効率が低下します。リクエストが送られてからユーザーに対して画面が表示されるまでの時間などは**パフォーマンス**と呼ばれ、ユーザーが利用する際の満足度の1つとされます。

パフォーマンスの指標

　基本的にWebシステムへリクエストを送信してからクライアントに対する何らかの反応があるまでの時間を計測し、それをパフォーマンスの指標とします。計測の方法はいくつかありますが、よく用いられるものとしてはリクエスト送信から何らかのHTTP応答が返ってくるまでの時間「**応答時間**」や、リクエスト送信からWebページの表示が完了するまでの時間「**表示完了時間**」、ページの読み込み開始から読み込み完了までの時間「**ページ読み込み時間**」があります。また、エラーなくWebサイトにアクセスできた確率である「**可用性**」もパフォーマンスの指標として用いられます。Webシステム構築の際、ユーザーの満足度を満たすためにはあらかじめこのパフォーマンスの目標値を決め、それを満たすことを目指すことが大切です。

パフォーマンス監視

　パフォーマンスはリクエスト数などのサーバーへの負荷で変化します。多くのクライアントからのリクエストが同時に来た場合は応答時間も長くなり、それに伴って表示完了時間やページ読み込み時間も長くなります。目標のパフォーマンスを維持するには、定期的にパフォーマンスを監視して、パフォーマンスの低下を検知した場合はその原因を調査して適切な処置を行い、システムを改善していくことが必要です。

　また、原因の調査を円滑に行うためには、サーバーごとのCPU使用率やメモリ利用率といった**サーバーの負荷状態**を同時に監視しておくことも有効です。パフォーマンスを常時監視しておくことで、パフォーマンスの1つである「可用性」を算出することもできるようになります。パフォーマンスの監視のためには、Zabbix、Pandora FMS、Nagios などさまざまなツールが開発されています。

● Webサイトのパフォーマンスは表示完了までの時間が指標となる

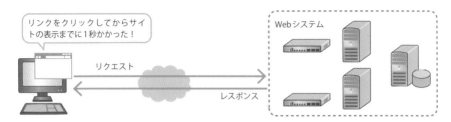

リンクをクリックしてからサイトの表示までに1秒かかった！

リクエスト

レスポンス

Webシステム

Webサイトのパフォーマンス
（表示完了時間）

指標名	内容
応答時間	クライアントのリクエスト送信からレスポンス受信までの所要時間
表示完了時間	クライアントのリクエスト送信からコンテンツがすべて表示されるまでの所要時間
ページ読み込み時間	クライアントが最初のコンテンツを受信し始めてからコンテンツがすべて表示されるまでの所要時間
可用性	エラーなくWebサイトにアクセスできた確率 例：1年間（8760時間）で10時間だけサイトが障害で停止した →（8760-10）÷8760×100≒99.886%

● システムのパフォーマンスを監視する

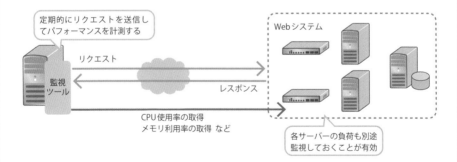

定期的にリクエストを送信してパフォーマンスを計測する

リクエスト

レスポンス

CPU使用率の取得
メモリ利用率の取得　など

監視
ツール

Webシステム

各サーバーの負荷も別途
監視しておくことが有効

パフォーマンス計測もリクエストの1つなので、頻度や量が高すぎると逆に負荷になってしまう点に注意しましょう。

関連
用語　可用性 ▶ P.140

14 脆弱性診断

インターネットに公開される Web システムにおいて、セキュリティ確保のために は自身の**脆弱性対策**が非常に重要です。構築当初に脆弱性対策を行っていても、運用 している間に使用している OS やミドルウェアに新たな脆弱性が発見されることがあ ります。これらの対策として、**脆弱性情報データベース**を定期的に確認し、利用して いる製品の脆弱性の有無を把握しておく必要があります。

一方、自前で開発した Web アプリケーションの脆弱性については、自分で脆弱性 の有無を調査する必要があります。脆弱性の有無を確認するには、実際にサイバー攻 撃と同じ手法で Web システムにアクセスを試みてみます。このように擬似的に攻撃 を行うことで脆弱性の有無を確認するテストを**ペネトレーションテスト**と呼びます。 ペネトレーションテストは擬似的な攻撃を行うツールを用いて実施することもできま すが、より詳細な診断を求める場合はセキュリティ企業に依頼してテストを行っても らう方法もあります。ツールによるテストの場合はツールに登録された一般的な攻撃 手法を行うだけですが、企業に依頼した場合は高価になるものの、対象となる Web システムに合わせた手法でのテストを実施してもらえるというメリットがあります。

ペネトレーションテストは、Web システム全体としての脆弱性を確認するため、 実施することで Web アプリケーションだけでなく OS やミドルウェアの脆弱性も同 時に調査できるのが大きなメリットです。

▮ 発見された脆弱性への対策

脆弱性が発見された場合、その脆弱性への対策が必要となります。Web アプリケー ションの場合は該当箇所の修正で対応することになり、OS やミドルウェアであれば 基本的には修正プログラムを適用したり、脆弱性のないバージョンにアップグレード することになります。ただし、OS やミドルウェアへの修正プログラム適用やバージョ ンアップを行うと Web アプリケーションの稼働する環境が変わるため、十分な検討 が必要です。

プラス1 ▶ 代表的な脆弱性情報データベースとして、Common Vulnerabilities and Exposures (CVE) があります。

● 脆弱性の確認

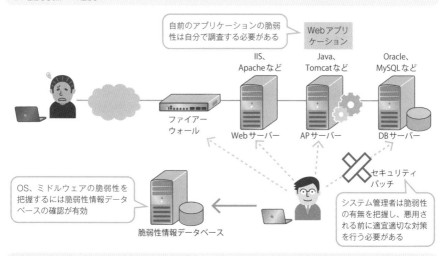

自前のアプリケーションの脆弱性は自分で調査する必要がある

Webアプリケーション

IIS、Apacheなど

Java、Tomcatなど

Oracle、MySQLなど

ファイアーウォール

Webサーバー

APサーバー

DBサーバー

セキュリティパッチ

システム管理者は脆弱性の有無を把握し、悪用される前に適宜適切な対策を行う必要がある

OS、ミドルウェアの脆弱性を把握するには脆弱性情報データベースの確認が有効

脆弱性情報データベース

● ペネトレーションテスト

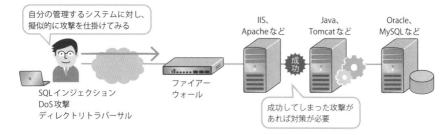

自分の管理するシステムに対し、擬似的に攻撃を仕掛けてみる

IIS、Apacheなど

Java、Tomcatなど

Oracle、MySQLなど

SQLインジェクション
DoS攻撃
ディレクトリトラバーサル

ファイアーウォール

成功

成功してしまった攻撃があれば対策が必要

● 脆弱性対策が予想外の障害をもたらすことも……

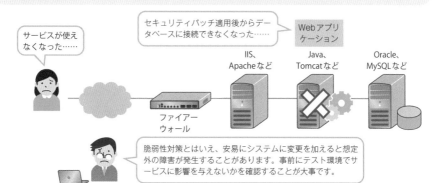

サービスが使えなくなった……

セキュリティパッチ適用後からデータベースに接続できなくなった……

Webアプリケーション

IIS、Apacheなど

Java、Tomcatなど

Oracle、MySQLなど

ファイアーウォール

脆弱性対策とはいえ、安易にシステムに変更を加えると想定外の障害が発生することがあります。事前にテスト環境でサービスに影響を与えないかを確認することが大事です。

7

Webシステムの構築と運用

INDEX

■ 本書のサポートページ

https://isbn2.sbcr.jp/25948/

本書をお読みいただいたご感想を上記URLからお寄せください。
本書に関するサポート情報やお問い合わせ受付フォームも掲載しておりますので、あわせて
ご利用ください。

イラスト図解式
この一冊で全部わかる Web技術の基本 第2版

2024年 7月 2日　　初版第 1 刷発行

著　者 …………………	NRIネットコム株式会社　小林 恭平　坂本 陽
監修者 …………………	NRIネットコム株式会社　佐々木 拓郎
発行者 …………………	出井 貴完
発行所 …………………	SBクリエイティブ株式会社
	〒105-0001 東京都港区虎ノ門2-2-1
	https://www.sbcr.jp/
印　刷 …………………	株式会社シナノ

カバーデザイン ………	米倉 英弘（株式会社 細山田デザイン事務所）
制　作 …………………	クニメディア株式会社
編　集 …………………	友保 健太

Printed in Japan　ISBN978-4-8156-2594-8